河道型水库滑坡涌浪机理研究

王平义　祖福兴　韩林峰
王梅力　喻　涛　杨成渝　著

科学出版社
北　京

内 容 简 介

本书以三峡水库滑坡涌浪机理为研究对象，给出了水库滑坡涌浪模型实验设计方法及模拟技术，阐明了岩质滑坡体水上运动特性及动量传递过程，在此基础上研究了滑坡涌浪首浪高度及爬高，揭示了滑坡涌浪近场波特征及其传播规律、滑坡涌浪经验波场中波高变化规律及复杂河道边界对滑坡涌浪传播的作用规律等。这些研究成果发展和完善了滑坡涌浪模拟技术及滑坡涌浪的理论方法，对河道型水库滑坡涌浪特性及其灾害预防研究与应用具有重要的参考价值和指导意义。

本书可供从事水动力学、波浪理论、水利水运工程、水运交通安全与管理等方面的高等院校有关专业的师生及科研设计单位与管理部门人员参考使用。

图书在版编目(CIP)数据

河道型水库滑坡涌浪机理研究 / 王平义等著. —北京:科学出版社，
2020.8

ISBN 978-7-03-065197-6

Ⅰ.①河… Ⅱ.①王… Ⅲ.①水库-滑坡-涌浪-研究 Ⅳ.①TV697.3

中国版本图书馆 CIP 数据核字 (2020) 第 086038 号

责任编辑：冯　铂　黄　桥 / 责任校对：彭　映
责任印制：罗　科 / 封面设计：墨创文化

科 学 出 版 社 出版

北京东黄城根北街16 号
邮政编码：100717
http://www.sciencep.com

成都锦瑞印刷有限责任公司印刷
科学出版社发行　各地新华书店经销

*

2020 年 8 月第 一 版　　开本：787×1092 1/16
2020 年 8 月第一次印刷　　印张：11
字数：260 000

定价：139.00 元
(如有印装质量问题，我社负责调换)

前　言

当山体滑坡以较高的速度滑入水中时，水体受到滑坡体扰动、挤压发生位移，产生涌浪现象。与发生在开敞海域环境中的滑坡涌浪不同，河道型水库属于半封闭性水域，其库岸滑坡入水后诱发的涌浪在向对岸传播时，由于距离较短，无法得到充分衰减，所以在到达近岸水域时依然具有较大波幅，此时的近岸波携带巨大能量，可将停靠在岸边的船只打翻。随着近岸涌浪沿库岸继续爬升，形成爬坡浪，对库岸基础设施和当地居民安全造成严重威胁。涌浪在沿河道上下游传播过程中将对船舶、大坝、通航设施和市政工程等造成严重影响。落入水中的土石有时形成激流险滩、堵塞航道，威胁过往船只，影响或中断航运。

我国水电工程建设的数量和规模长期居于世界首位。目前水电建设的投资正处于中华人民共和国成立以来投资比例最大的时期，水电工程数量和规模前所未有，但随之带来的各种问题也日益突显。已建、在建和规划兴建的一批大型重点水电工程如三峡、彭水、向家坝、溪洛渡、小湾、洪家渡、瀑布沟、拉西瓦、紫坪铺等水库蓄水后，由于高库水位及水库运行效应的影响，库区内均存在严峻的边坡稳定和滑坡涌浪及其灾害问题。为适时科学地进行滑坡涌浪灾害的预报和防治，避免或减少山区河道型水库库区不同部位、不同尺寸的潜在滑坡体可能引起的滑坡涌浪及其灾害，必须掌握滑坡涌浪的主要特征，阐明滑坡水上运动特性及动量传递过程，确定滑坡涌浪首浪高度及爬高，揭示滑坡涌浪近场波特征及其传播规律、滑坡涌浪波高变化规律、复杂河道边界对滑坡涌浪传播的影响规律等。

本书为作者研究团队先后结合国家自然科学基金项目"山区河道型水库弯曲段滑坡涌浪特性及对通航影响机理研究"（项目号：51479015）、重庆市基础科学与前沿技术重点项目"三峡库区滑坡涌浪灾害预警及防控技术研究"（项目号：cstc2017jcyjBX0070）及山区公路水运交通地质减灾重庆市高校重点实验室开放基金项目"三峡库区滑坡涌浪对库岸类土质边坡的作用力及冲刷特性研究"（项目号：kfxm 2018-15）等，紧紧围绕山区大中型水库蓄水运行后可能引发的库岸滑坡及其所形成的涌浪灾害预防的实际需求，以基础理论研究为导向，以科学问题探索为核心，以实际应用需求为目标，将原型观测、理论分析、数值模拟、模型实验等多种研究手段相结合，对山区河道型水库滑坡涌浪的机理进行了比较系统深入的研究所取得的主要成果。参加项目研究的主要人员有：王平义、韩林峰、祖福兴、王梅力、杨成渝、喻涛、牟萍、徐绩青、张婕、胡杰龙、曹婷、任晶轩、郭根庭、李晓玲、袁培银、程志友、李健、贺小含、田野、徐晓菲、和朋超、施浩亮、谭顺钦、陈聪聪和贠宝格等。作者研究团队在研究过程中得到了国家自然科学基金委员会、重庆市科技局、重庆市教育委员会、重庆市交通局、长江航道局等单位的大力支持和协助，同时也得到行业内有关专家的热情帮助与指导，在此深表感谢。

本书是作者及研究团队近年来对山区河道型水库滑坡涌浪机理开展的一些探索研究所取得的成果，并参考了国内外多家高等院校、科研设计单位及管理部门的研究成果。但限于作者水平，书中难免有疏漏和不妥之处，敬请读者批评指正。

目　　录

第1章 概 论

1.1 研究背景及意义

当山体滑坡以较高的速度滑入水中时,水体受到滑坡体扰动、挤压发生位移,由此所产生的冲击波被称为涌浪。这里的"涌浪"从产生源上做出了限制,是一种狭义上的定义;从广义的角度理解,涌浪其实是一种由质量流所引起的水体动态位移,而质量流包括了高密度的岩石和土壤运动以及低密度的流动悬浮体、冰川、雪崩运动等。从历史上所发生过的地质灾害涌浪事件来看,由山体滑坡诱发的涌浪灾害出现得最为频繁、所产生的后果也最为严重,几乎在所有水体中都曾出现过滑坡涌浪灾害,包括海洋、峡湾、水库、湖泊以及河道。表1-1归纳总结了过去100年国内外所发生过的最具破坏性的滑坡涌浪事件,从中可以发现有很大一部分发生在高山峡谷水库环境下,其中我国三峡库区发生的最为频繁。之所以滑坡涌浪灾害会在峡谷型水库中频繁发生,是因为峡谷水库在蓄水初期孔隙水压力导致边坡稳定性降低,而水库在运行期间因库水位的骤然涨落所产生的动水压力会进一步诱发滑坡体的变形与破坏。此外,库区复杂的自然地质条件、频繁的暴雨洪水都使得峡谷水库成为滑坡、崩塌等地质灾害的高发区及易发区。

表 1-1 近 100 年世界上发生过的重大滑坡涌浪历史事件[1-9]

序号	年份	发生地点	灾害类型	水域类型	规模/(10^6 m³)	波(爬)高/m	死亡或失踪人数
1	1934	挪威 Fjord	岩质滑坡	峡湾	1.5	62	44
2	1936	挪威 Loen Lake	岩质崩塌	湖泊	1	70	73
3	1956	挪威兰峡湾	岩质滑坡	峡湾	12	140	32
4	1958	美国 Lituya Bay	岩质滑坡	入海河湾	31	524	2
5	1961	湖南安化塘岩光滑坡	岩质滑坡	水库	1.65	21	40+
6	1963	意大利 Vajont 水库	岩质滑坡	水库	240	260	约 2000
7	1971	秘鲁 Yanahuin Lake	岩质崩塌	湖泊	0.1	30	400~600
8	1979	挪威 Tjelle	岩质滑坡	峡湾	15	46	38
9	1980	美国 Spirit Lake	岩质崩塌	湖泊	2500	200+	0
10	1982	四川云阳鸡扒子滑坡	岩质滑坡	河道	15	不详	0
11	1985	湖北秭归新滩滑坡	土质滑坡	河道	30	54	12+
12	2003	湖北秭归千将坪滑坡	岩质滑坡	水库	24	25	24
13	2007	湖北恩施堰塘滑坡	土质滑坡	水库	3	50	7
14	2008	重庆巫山龚家坊滑坡	崩滑体	水库	0.38	31.8	0
15	2013	云南永善黄坪滑坡	土质滑坡	水库	12	不详	12
16	2015	重庆巫山红岩子滑坡	崩滑体	水库	0.23	3	2

　　图 1-1 为长江三峡库区水位与典型大型滑坡剪出口高程之间的关系图。从图中可以看出，典型大型滑坡中约有 87%的滑坡剪出口高程位于长江洪水位以下，这充分说明河道型水库中水对岸坡的浸没、冲刷作用。同时，库区的气候条件有利于岸坡岩体的风化破碎，尤其是暴雨对岸坡的变形破坏。此外，河道型水库往往跨越多个地质带，河谷与构造线交切、区域构造应力调整、节理裂隙发育等原因，更有利于滑坡的形成。

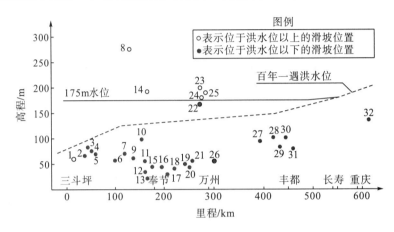

图 1-1　长江三峡库区水位与典型滑坡剪出口高程关系图

注：据中国地质调查局《三峡库区地质灾害专业监测分析要点》。

　　以长江三峡库区为例，从库首至库尾长江河谷与构造线的交切关系为：三斗坪至秭归段长江与构造线近正交；秭归至白帝城段长江与构造线多近于平行或斜交，局部近于正交；白帝城至涪陵段长江与构造线大多近于平行或斜切；涪陵至库尾段长江与构造线多近于正交或斜切，仅少部分平行或近于平行。从库首至库尾主要构造和节理裂隙分布为：库首至白帝城段构造轴向主要呈北方向，主要节理裂隙为北北西与北西向张性裂隙和北北东与北东向扭性裂隙；白帝城至涪陵段构造轴向呈北向或北西向凸出的弧形，主要节理裂隙为北西西与北西向张性裂隙和北东与北东东向扭性裂隙；涪陵至库尾段构造轴向近南北向，主要节理裂隙为北西西和北东向张性裂隙。由于节理裂隙的发育，长江岸坡岩层的完整性遭受破坏，力学强度有所降低，因而加剧了岸坡滑坡的发育。据 2009 年 7 月湖北省、重庆市库区 26 个县(市、区)政府上报统计资料及国土资源管理部门调查结果显示，在新界定的三峡库区范围内查出崩塌滑坡共 5300 余处，总体积 8.3×10⁹m³，如此多潜在的滑坡灾害所引发的涌浪可能会给库区建筑物及人民生命和财产安全带来巨大威胁[10]。

　　与发生在开敞海域环境中的滑坡涌浪不同，峡谷水库属于半封闭性水域，其库岸滑坡入水后诱发的涌浪在向对岸传播时由于距离较短，无法得到充分衰减，所以在到达近岸水域时依然具有较大波幅，此时的近岸波携带巨大能量，可将停靠在岸边的船只打翻。随着近岸涌浪沿库岸继续爬升，形成爬坡浪，对库岸基础设施和当地居民安全造成严重威胁。此外，相比发生在海底或峡湾中的山体滑坡需要在水中滑动较长距离后才会沉积停止，峡谷水库环境中的库岸滑坡由于其滑坡体量相对于库水深度来说通常较大，因此滑坡体入水后会迅速沉积，并在瞬间导致近场局部地形发生巨大变化，造成河道堵塞，甚至形成滑坡坝，引起周围水域水体的强烈扰动。滑坡涌浪造成的灾害可以归纳为三部分：一是滑坡初始涌浪造成灾害。滑坡体在距离河面很高的山坡上，由于各种条件的诱发突然启动，携带着巨大的能量冲入河道中，其产生的初始涌浪最为巨大，往往瞬间摧毁江中船舶和沿岸的生产生活设施，造成巨大的人员伤亡和财产损失。二是滑坡涌浪传播空间范围内的灾害。传播的涌浪将直接威胁两岸人民的生命财产，其波及范围更广、危害更大。涌浪在河道上、下游水域和对岸、同岸区域传播时，会大幅度加快水流流速，提高水位，形成倒流、回流和紊流，严重恶化水流条件，巨大的波浪压力会瞬间推翻过往船舶，破坏两岸港口的系缆设施，摧毁航道支持保障系统，同时对两岸的生产和民用建筑也会造成严重破坏。当涌浪传至坝前，推动波浪高度接近或超过坝顶时，造成坝顶漫水，甚至破坏大坝。三是河道边界反射波浪造成灾害。滑坡涌浪在传播过程中，当遇到河道边界时，会有部分波浪被反射回来，反射波与正向波叠加，形成的巨大波浪往往对河道中船舶、沿岸防护设施、取水设施、市政道路、民用设施造成二次打击，形成严重威胁。

　　涌浪的形成是一个非常复杂的过程，其中初始涌浪通常涉及固、液、气三相混合流动。在不同的诱发条件下往往会产生不同类型的波，当初始涌浪在生成区产生后会迅速从近场向远场传播，在此过程中涌浪波幅会在短时间内急剧衰减而后变为小振幅振荡[11]。随着涌浪传播到近岸水域，受浅水变形影响，波高迅速增大、波长减小，导致波陡逐渐增大，当波陡增大到极限状态时波面难以保持稳定，继而发生破碎和卷倒，形成猛烈的拍岸波，表现出惊人的能量，此时的涌浪称为近岸涌浪，其对库区港口码头、库岸建筑物和近岸航道的设计与维护非常重要。当涌浪到达岸线时，破碎后的水体由于剩余动能而涌上岸坡，随后又在重力作用下沿坡面下落，使得部分坡面在涌浪爬高时被淹没，在涌浪回落时露出水面，处于一个最高和最低水位的变动区，该区域称为冲泻区。而近岸涌浪及沿岸爬坡浪则是库岸冲蚀变形最重要的动力因素，对岸坡的破坏性很大，但到此涌浪也结束了它的"生命"。滑坡涌浪在"产生—传播—破碎—爬高"的整个生命过程中，其波场特征决定了涌浪的致灾范围及灾害影响程度。因此，在距滑坡源一定范围的水域内研究涌浪的波场特征，对水库区滑坡涌浪风险评估有着至关重要的作用。

　　除了滑坡体量与水深间的相对关系外，涌浪的产生机理还取决于滑坡体相对于静水表面的初始位置，按照初始位置的不同可分为三种类型：水上滑坡、部分淹没滑坡和水下滑坡。水上滑坡产生的初始涌浪包含固、液、气三相，主要形成于水体表面，其近场波幅大于部分淹没滑坡和水下滑坡类型。与水上滑坡相比，部分淹没滑坡的滑动速度较慢，但其产生的初始涌浪仍然属于固、液、气三相混合流动，初始涌浪一部分形成于水体表面，另一部分则形成于水下，近场波幅介于水上滑坡与水下滑坡之间。而水下滑坡所产生的近场涌浪波幅远小于水上滑坡和部分淹没滑坡类型，滑动速度也更慢，初始涌浪只包含固、液两相，且全部形成于水下。考虑到峡谷水库中的山体滑坡多为水上滑坡或部分淹没滑坡类型，涌浪的产生主要来自滑坡体的水上部分，所以将研究重点放在由水上滑坡引起的涌浪是合适的。

在绝大多数情况下，想要阻止山体滑坡发生几乎是不可能的，因此对潜在滑坡山体进行连续监测成为唯一的选择。对于水库库岸滑坡来说，一旦发现险情，应及时采取相应措施，这其中对沿岸居民的疏散不可避免，除此之外还应将滑坡区附近的船舶撤离到安全水域以避险，必要时甚至需要对水库采取紧急调度来改变库区水深以降低涌浪带来的影响。然而，以上措施能够充分发挥效用的前提是需要对涌浪特征做出精确预测，但由于滑坡的形成条件、孕育过程、诱发因素的复杂性、多样性及其变化的随机性，导致野外滑坡的动态信息极难被捕捉[14]。而我国又是一个滑坡、泥石流等地质灾害多发的国家，潜在滑坡数量众多，这其中包含大量临水滑坡，要对全部潜在滑坡体进行实时监测难度巨大。此外，由于滑坡诱发涌浪的产生过程短暂、传播迅速，而且在波源附近常伴有巨大水雾和飞溅的浪花，使得对近场区涌浪影像的采集变得非常困难。目前，有限的涌浪现场调查资料大都来自滑坡发生后第一时间对灾害现场的复查，包括滑坡沉积、涌浪沿岸爬高水线以及周围水域船舶、植被破坏情况等，然后再根据这些现场收集的资料来间接推测滑坡发生时近场区涌浪高度及其传播衰减规律，但往往存在相当大的误差。基于以上原因，研究者通常用物理或数值模型来提高对这种多阶段、跨学科的滑坡次生灾害的认识。通过将数值计算结果与实验数据进行比较，可以验证和改进数值模型；而物理模型可用于生成预测方程，以帮助人们快速地预测和评估滑坡涌浪所带来的危害。

总之，滑坡监测及预警方式能够掌握滑坡的变形破坏状态，从而保护滑坡体周围人员的生命安全，但对滑坡体滑入水中造成的涌浪，目前却无法进行有效的预警，尤其是复杂形态的河道型水库。然而，河道型水库已经发生的灾害实例为人们敲响了警钟，滑坡涌浪造成的灾害影响甚至超出了滑坡本身。而滑坡体滑入水中产生的首浪高度大小、滑坡涌浪的传播与衰减规律、复杂形态河道边界与滑坡涌浪的相互作用规律以及相应的预警应急处置技术已成为学术界和灾害管理部门最关心的问题之一，急需要开展这些方面的研究以提供理论和技术支撑。

1.2 研究现状及进展

1.2.1 滑坡涌浪波场理论

滑坡体的形成过程在本质上是一个受多种因素影响而发展演化的非线性动力系统，在不同背景下其诱发因素具有强烈的随机性和不可控性。虽然滑坡形成机理复杂多变，但当滑坡体开始沿剪切面滑移时其动力主要与摩擦系数有关。Shreve[12]最早提出了等效摩擦系数的概念，与传统摩擦系数依赖于滑坡体材料不同，等效摩擦系数取决于滑坡体的大小。Fritz[2]通过前人实验数据分析得到，等效摩擦系数随滑坡体体积的增大而减小，并从体积大于 $1.0 \times 10^5 \mathrm{m}^3$ 的水上滑坡中确定了等效摩擦系数 f 与滑坡体体积 V_s 间的函数关系：

$$\log f = 0.15666 \log V_s + 0.62419 \quad (1-1)$$

其相关系数 R^2=0.82。由于等效摩擦系数与滑坡体体积间的关系与滑坡体材料相关，而上式是基于岩土质滑坡体得到的,因此可能不适用于黏性土滑坡。当滑坡体体积确定后,可通过式(1-1)计算滑坡等效摩擦系数,然后再根据牛顿运动定律来预测滑坡体滑动速度 v_s ,计算公式如下:

$$v_s = \sqrt{2g\Delta z(1 - f\cot\alpha)} \tag{1-2}$$

式中, g 为重力加速度; Δz 为滑坡体质心垂直下降高度; α 为滑坡体倾角。历史上,有资料记载的水上滑坡最大速度达到 150m/s[13]。图 1-2 为 Fritz 通过实测资料得到的滑坡体体积与等效摩擦系数间的散点分布关系和线性拟合曲线。如图 1-2 所示,对于水上滑坡, f 与 V_s 间存在较好的函数关系[式(1-1)];但对于水下滑坡,其通常发生在坡度较小的海床上,摩擦系数比发生水上滑坡时的小,因此滑坡体往往可以在水下滑动较长的距离,这种情况下等效摩擦系数 f 与滑坡体体积 V_s 间的关系并不明显,同时也说明等效摩擦系数可能还与其他参数有关,如滑坡体滑动时周围流体所产生的拖曳力。

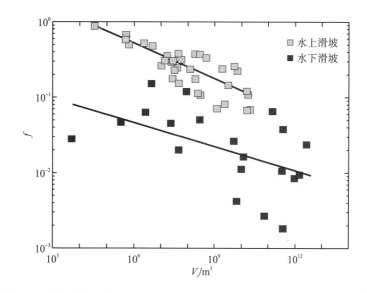

图 1-2 等效摩擦系数与滑坡体体积间的散点分布关系和线性拟合曲线[2]

1.2.2 水波理论

1. 波浪分类

将涌浪进行归类有助于通过理论方法对波要素进行预测。在数学上,可将波分成两大类:①双曲型波——可用双曲型方程来描述的波,型如 $\varphi_{tt} - C_0^2\Delta\varphi = 0$;②弥散波——描述波动方程的解具有某种弥散性,该解所代表的波的传播速度不是恒定的,而是与波的某个(或若干个)特征量有关,型如 $\varphi = a\cos(kx - \omega t)$,其中 $\omega = \omega(k)$,且 $\omega''(k) \neq 0$ 。若波速所依赖的特征量是波频,则称该弥散性为频率弥散性,简称频散性,即因频率的差异而引起的弥散;如果该特征量是波幅或波高,则称该弥散性为波幅弥散性,其弥散是由波幅或波高的差异而产生。水波大多都具有弥散性。由于双曲型波是用方程的类型来定义,而弥散波是用方程的解的性态来定义，所以这两类波并不是泾渭分明的，有些波同属这两类。因此，数学分类法不是一种严格意义上的水波分类方法。从物理学角度来看，理想化的表面重力水波可分为振荡波和行进波，振荡波是指总质量迁移为零的波，行进波是水质点只朝一个方向移动的波[14]，许多水波则是介于二者之间。此外，从波形变化的外部恢复力角度来看，水波可分为重力波和毛细波，两者主要的外部恢复力分别为重力与表面张力。而滑坡通常诱发的涌浪尺度较大，故属于重力波范畴。除以上三种分类方式外，还有按波幅与波长相对比值、水深与波长比值等分类的方法。

2. 线性波理论

线性波理论，即 Airy 理论、线性长波理论、一阶小振幅波理论或正弦波理论。之所以被称为线性，是因为在自由表面、压力分布或水粒子速度分量的推导过程中，忽略了诸如 $(H/L)^2$ 的高阶项[15]。图 1-3 描述了一个具有封闭粒子轨道的纯振荡浅水正弦波，其中波高 H 为相邻波峰与波谷间的垂直距离；波幅 a 为从静止水面到波峰的垂直距离，在线性波中波高为波幅的两倍；波长 L 是指波在一个振动周期内的传播距离，也就是沿着传播方向上相邻两个振动相位相差 2π 的点之间的距离；h 为静水水深；c 为波速。根据文献[2]的描述，线性波应同时满足以下两个条件：

$$H/h < 0.03，\quad H/L < 0.006 \tag{1-3}$$

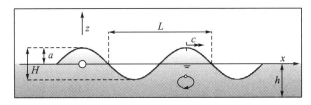

图 1-3　线性正弦波基本波参数[1]

在线性波中水粒子沿圆形或椭圆形的封闭轨道运动，属于纯振荡型波，没有流体质量输运，线性波理论涵盖了从深水波到浅水波的整个范围。Sorensen 在 *Basic Wave Mechanics: For Coastal and Ocean Engineers*[16]一书中将具有自由表面的线性波动方程定义为

$$\eta(x,t) = \frac{H}{2}\cos(kx - \omega t) \tag{1-4}$$

式中，$k = 2\pi/L$ 为波数；$\omega = 2\pi/T$ 为波频，其中 T 为周期；t 为时间。此线性波动方程具有很高的应用价值，即使对于不完全满足式(1-3)的波，也能得到比较满意的结果。线性波波速的表达式为

$$c^2 = \frac{gL}{2\pi}\tanh\left(\frac{2\pi h}{L}\right) \tag{1-5}$$

需要进一步说明的是，当波浪从深水波向浅水波过渡时，线性波波速的表达式也会发生改变。深水波通常被定义为在水深大于二分之一波长的水域中传播的表面波（$L < 2h$），水底边界不会影响水质点运动，因此所有波要素是由波周期决定的，如图 1-4(a)所示。相

反，当 $L > 20h$ 时为浅水波，随着波浪由深水区传入浅水区，波周期保持不变，但波长缩短，波高增大。由于受水底边界影响，浅水波中的水质点随着深度增加，不再做圆周运动，而做椭圆运动。随着水深增加，椭圆水平半径不变，垂直半径不断减小，最终形成一条与底部平行的直线，因此浅水波的波要素主要受水深影响，如图 1-4(c) 所示。而介于深水波与浅水波之间的波称为中等水深波或过渡波，其水质点运动轨迹也介于深水波与浅水波之间，波要素由波周期与水深共同决定，如图 1-4(b) 所示。通过以上分析，当波浪从深水区进入浅水区后，波速和波长都逐渐减小，波高在有限水深范围内随水深减小而略有减小，随后在浅水区迅速增大，波浪的这种变化称为浅水变形。根据 Green 定律[17]，波浪从深水区传向浅水区时其波高的变化规律为

$$H_x = H_0 \left(\frac{h_0}{h_x} \right)^{1/4} \left(\frac{b_0}{b_x} \right)^{1/2} \tag{1-6}$$

式中，下标"0"表示参考位置；下标"x"表示任意位置；b 为波浪传播区的水域宽度。因此，像海湾、峡湾这样宽度变化较大的区域对波高的影响会更大。表 1-2 列出了不同水深范围的线性波的波要素表达式，并通过图 1-4 更直观地展示了相对波速随水深的变化趋势。如图 1-5 所示，浅水波与深水波分别为两种极端情况，它们的波速表达式通过曲线两端的渐近线得到：

$$\text{浅水波波速：} \quad c = \sqrt{gh} \tag{1-7}$$

$$\text{深水波波速：} \quad c = \frac{gT_w}{2\pi} \tag{1-8}$$

从波速公式中可以发现，对于 $L/h > 20$ 的浅水波来说，波速只与水深有关；对于 $L/h < 2$ 的深水波来说，波速只取决于波周期；而对于 $2 \leqslant L/h \leqslant 20$ 的中等水深波，波速既与水深有关，也与波周期有关。中等水深波或深水波容易发生色散效应，同时在波群中较小尺度波的传播速度要慢于大尺度波，波能传输速度与波群速度 c_{gr} 有关。浅水波群速度与浅水波波速相同，而深水波群速度只有深水波波速的一半，详见表 1-2。

线性波的波动能 E_{kin} 与波势能 E_{pot} 相等，根据 Dean 和 Dalrymple[18] 推导得到线性波的能量表达式：

$$E_{pot,lin} = E_{kin,lin} = \frac{b\rho_w g H^2 L}{16} \tag{1-9}$$

因此，对于与线性波理论近似的水波，只需要知道其波形就可以算出其波能，不需要知道水粒子的运动速度。

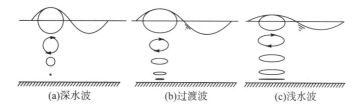

(a)深水波 (b)过渡波 (c)浅水波

图 1-4 深水波向浅水波过渡过程中水质点的运动规律

表 1-2   从深水向浅水过渡时线性波特征表

	深水波	中等水深波（过渡波）	浅水波
相对波长	$\dfrac{L}{h}<2$	$2\leqslant\dfrac{L}{h}\leqslant20$	$\dfrac{L}{h}>20$
波速	$c=\dfrac{gT_w}{2\pi}$	$c=\dfrac{gT_w}{2\pi}\tanh kh$	$c=\sqrt{gh}$
波群速度	$c_{gr}=\dfrac{c}{2}$	$c_{gr}=\dfrac{c}{2}\left[1+\dfrac{2kh}{\sinh 2kh}\right]$	$c_{gr}=c$
波长	$L=\dfrac{gT_w^2}{2\pi}$	$L=\dfrac{gT_w^2}{2\pi}\tanh kh$	$L=T_w\sqrt{gh}$
破碎条件	$\dfrac{H_b}{L}>0.142$	$\dfrac{H_b}{L}>0.142\tanh kh$	$\dfrac{H_b}{L}>0.88$

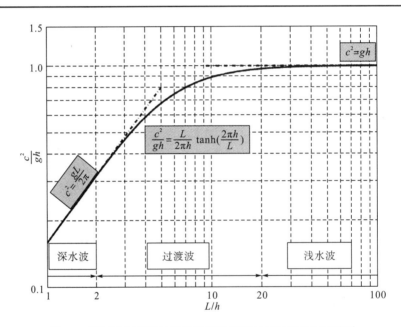

图 1-5   不同水深范围的线性波相对波速与相对波长间的关系

3. 非线性波理论

与线性波相比，非线性波不再忽略诸如 $(H/L)^2$ 之类的高阶项。虽然非线性波波形仍是周期性的，但与线性波波剖面相比，非线性波波峰更尖陡，波谷更平坦。在非线性波中，水粒子不再沿闭合轨道运动，而是呈开放型的，因此非线性波中存在流体质量输运，非线性波理论并不像线性波那样涵盖了从深水波到浅水波整个"水深"范围，而是集中在中等水深和浅水范围内[2]。以往研究[1,2]已经证实了滑坡产生的涌浪属于非线性波范畴，且越靠近近场区域涌浪非线性越强。Noda[19]最早通过二维块体模型实验观测到近场涌浪波形，包括弱非线性振荡波、非线性过渡波、类孤立波和涌波四种波形。Noda 认为涌浪波形由滑坡相对弗劳德数 Fr 以及相对滑坡体厚度 S 决定，并通过实验数据得到近场涌浪波形分布图(图 1-6)。线性波理论只适用于弱非线性振荡区域内的波形，但 Noda 提出用线性波模型来计算全部近场涌浪最大波高，因此对于产生的强非线性波来说，计算值与实际测量结果有很大出入。此外，Fritz[2]通过二维散粒体模型实验也得到了同样的四种波形，只是每种波形产生的区间与 Noda 的实验结果不同；而 Huber[20]在其三维滑坡模型实验中观测到了正弦波、椭圆余弦波和孤立波三种近场涌浪波形。

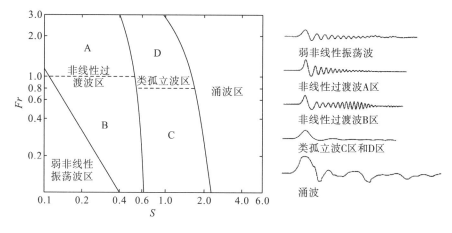

图 1-6　Noda 近场涌浪波形分类

Zweifel[21]对涌浪波形的分类是基于振幅 a 与波高 H 的比值，并将近场波形分为振荡波、椭圆余弦波、孤立波和涌波。在总结前人研究的基础上，Heller[1]基于二维水槽散粒体滑坡模型，通过光学波剖面测量仪对近场涌浪波形进行测量分区，并归纳出四种近场波形，以下对这四种波形进行简要分析。

(1)斯托克斯波。斯托克斯波是 Stokes[22]于 1847 年提出的基于非静水压力分布的考虑高阶非线性效应的有限振幅波，适用于中等水深到深水的风浪，其波形比正弦波更陡。斯托克斯波的波形曲线是用幂级数来描述的，通常为五阶，水粒子沿开放性轨道运动，因此，斯托克斯波具有瞬时特征及小尺度的流体质量输运。根据 LeMéhauté[14]对非线性波的分类方法，斯托克斯波的产生区域应该为 $2 \leqslant L/h \leqslant 20$。对于五阶斯托克斯波，Keulegan[23]曾提出其产生范围应该为 $L/h < 10$。根据 Dean 和 Dalrymple[18]的研究结果，最常用的二阶斯托克斯波的波面函数表达式为

$$\eta(x,t) = \frac{H}{2}\cos(kx-\omega t) + \frac{H^2 k}{16}\frac{\cosh(kh)}{\sinh^3(kh)}\left[2+\cosh(2kh)\right]\cos\left[2(kx-\omega t)\right] \quad (1\text{-}10)$$

(2)椭圆余弦波。椭圆余弦波理论是由 Korteweg 和 DeVries[24]于 1895 年提出，这种波形是基于一阶静水压力分布和二阶非静水压力分布假设，结合无旋流导出。椭圆余弦波属于一种具有周期性的浅水波动，虽然其水粒子沿开放性轨道运动，存在流体质量输运，但椭圆余弦波主要具有振荡波特征。根据 Keulegan 的研究结果，椭圆余弦波的产生范围应该为 $L/h \geqslant 10$。文献[18]给出了椭圆余弦波波面函数表达式为

$$\eta(x,t) = -a_t + (a_a + a_t)cn^2\left[\sqrt{\frac{3(a_a+x_c)}{4h^3}}(x-ct), \sqrt{\frac{a_a+a_t}{a_a+x_c}}\right] \qquad (1\text{-}11)$$

（3）孤立波。这种波型仅有一个单峰，没有水面凹陷，而且只出现在浅水水域。Russell[25] 最早在水力学模型中研究孤立波，并得到了一些基本特征。孤立波运动时涉及大量的流体质量输运，而且波前非线性和色散效应之间是平衡的，因此孤立波在传播过程中其波形保持恒定。孤立波属于椭圆余弦波的极限情况（当 $T \to \infty$ 时），其波面函数表达式为

$$\eta(x,t) = a\operatorname{sech}^2\left(\sqrt{\frac{3a}{4h^3}}(x-ct)\right) \qquad (1\text{-}12)$$

（4）涌波。波浪在浅水区发生卷波破碎后形成的一种极浅水波，主要由惯性力和重力造成，涌波所到之处会使断面的流量和水位发生急剧变化。根据 Madsen 和 Svendsen 的研究[26]，涌波与水跃几乎是等效流动，但水跃属于一种稳定流动，而涌波是一种非稳定流动。涌波通常是由一个陡峭的波峰和峰后平坦的波列组成。涌波面高出水面的空间称为波体，这种非定常流的突变特性是波要素不再是距离和时间的连续函数，故在水力学上又称为不连续波。

1.2.3　滑坡涌浪实验模型

由于滑坡涌浪的产生过程十分复杂，为了更好地揭示其产生机理及波浪特征，人们往往会采用物理或数值模型来提高对涌浪的认识。但由于涌浪形成的外部条件复杂多变，而研究者也希望其研究结果更具有普适性，因此模型实验在设计时都会进行不同程度的简化处理，例如大多数模型会采用恒定水深，从而忽略了由于底部地形变化带来的影响。不同模型由于实验条件及研究侧重点不同，其结果只能在一定范围内才适用，而且滑坡涌浪本身就是一种不同滑动体（如岩质滑坡、土质滑坡、岩石崩塌、泥石流等）在不同水域环境下都可能发生的自然灾害，因此很难找出一种模型或理论可以适用于所有情况，这也是为什么人们通过几十年的时间来研究滑坡涌浪，但至今仍然无法建立准确的滑坡涌浪预警机制的原因。本节将对以往滑坡涌浪研究模型的发展过程及研究结果进行归纳总结。

1. 二维块体滑坡涌浪模型

二维块体涌浪模型最早可以追溯到 Russell[25] 所做的孤立波实验中，他在一个长 6.1m、宽 0.3m 的水槽一端将重锤垂落水中，并反复观察重锤激起的水浪运动，如图 1-7 所示。Russell 通过实验得到的结论是孤立波体积与初始排开水体体积相同，振幅为 a 的孤立波波速表达式为

$$c = \sqrt{g(h+a)} \qquad (1\text{-}13)$$

而这一结论后来在理论上也得到了证实。在此之后的很多年中，一些研究者通过不同的方法重复了 Russell 的实验，这其中包括：Bukreev 和 Gusev[27]、Panizzo 等[28] 通过物理模型实验探究相关参数对涌浪产生的影响作用；Monaghan 和 Kos[29]、Panizzo[30] 通过定义

良好初始和边界条件下的数值模拟进行验证，研究发现数值模拟结果比实验值高出 3%～18%，这很可能是由下沉箱体与侧壁间的缝隙造成的。

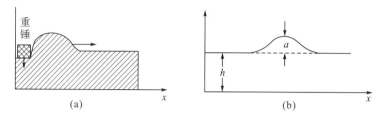

图 1-7　Russell 在浅水槽中做的水波实验

Wiegel[31]是首位在二维水槽中采用垂直释放刚性块体以及在 1：1 的倾斜坡面上释放刚性块体来研究涌浪的学者，在其一系列的实验研究中发现滑动块产生的涌浪具有色散效应，且涌浪波幅与块体重量密切相关，而涌浪波周期则与块体长度有关。此外，Wiegel还认为滑动块的初始势能只有 1%～2%转化到涌浪波能中，但遗憾的是他并未对实验数据进行测量，使得研究结论无法给出定量分析。

Noda[19]利用平板做水平运动和箱体做垂直下落运动来模拟水平和垂直两种滑坡，通过这两种极端滑坡运动状态形成初始涌浪，得到水平和垂直滑坡所产生的最大初始涌浪经验计算公式，其中水平滑坡最大初始涌浪计算公式为

$$H_{\max} / h = 1.17 v_s / \sqrt{gh} \tag{1-14}$$

垂直滑坡最大初始涌浪计算公式为

$$H_{\max} / h = f(v_s / \sqrt{gh}) \tag{1-15}$$

式中，h 为静水水深；v_s 为滑坡速度。在式(1-15)中，当 $0 < v_s / \sqrt{gh} \leqslant 0.5$ 时，$H_{\max} / h = v_s / \sqrt{gh}$；当 $0.5 < v_s / \sqrt{gh} \leqslant 2$ 时，$H_{\max} / h = f(v_s / \sqrt{gh})$；当 $v_s / \sqrt{gh} > 2$ 时，$H_{\max} / h = 1$。

Kamphuis 和 Bowering[32]在一个长 45m、宽 1m、水深范围为 0.23～0.46m 的二维水槽中进行块体滑坡涌浪实验，滑坡倾角控制在 20°～90°范围内，在距滑坡体入水一定距离处（x=3.35m、9.45m、17.1m 处）布置三个测波计来记录波形。在量纲分析的基础上，确定了二维块体模型产生的涌浪无量纲关系式：

$$H / h = f(Fr, L, S, \alpha, \phi, n, D, X, T_r) \tag{1-16}$$

式中，$Fr = v_s / \sqrt{gh}$ 为滑坡相对弗劳德数；$L = l_s / h$ 为相对滑坡体长度；$S = s / h$ 为相对滑坡体厚度；α 为滑动面倾角；ϕ 为滑坡体前缘角度；n 为滑坡体孔隙率；$D = \rho_s / \rho_w$ 为相对滑坡体密度，其中 ρ_s 为滑坡体密度，ρ_w 为水体密度；$X = x / h$ 为相对距离，其中 x 为测量点与滑坡体入水处的距离；$T_r = t\sqrt{g / h}$ 为相对时间。实验结果发现，Fr、L 和 S 对初始涌浪波高影响最大，且在满足 $0.05 < (l_s / h)S < 1.0$，$S \geqslant 0.5$，$(\alpha + \phi) \geqslant 90°$，$\alpha \approx 30°$ 条件下，得到了相关性较好的初始涌浪高度经验表达式：

$$\frac{H_{st}}{h} = Fr^{0.7} \left[0.31 + 0.2 \log \left(S \cdot \frac{l_s}{h} \right) \right] \tag{1-17}$$

此外，当满足 $0.1<(l_s/h)S<1.0$ 且 $10\leqslant X\leqslant 48$ 时，得到初始涌浪沿二维水槽的衰减公式：

$$\frac{H(x)}{h}=\frac{H_{st}}{h}+0.35\exp\left[-0.08(x/h)\right] \tag{1-18}$$

在 Kamphuis 和 Bowering 的实验中，有 10%～50%的滑坡动能转化为涌浪波能，这其中当 $\alpha=90°$时，能量转化率只有 10%～20%。

Wiegel 等[33]将他们的二维块体模型研究结果与 Kranzer 和 Keller[34]的理论模型进行比较后发现，实验中相对波高与滑坡体下落高度间的关系满足 $H(x)/h\propto x^{-1/5}$，而在理论模型中这一关系为 $H(x)/h\propto x^{-1/3}$；Bukreev 和 Gusev[27]在两种极浅水深(0.04m 和 0.08m)条件下通过二维水槽模型进行块体兴波实验，但受水体表面张力和黏滞阻力的影响，实验过程中发生模型尺度效应，导致实验波幅减小；Walder 等[35]通过二维水槽模型对近场涌浪生成区进行研究，用高速摄像机记录了滑块的运动特征，并根据欧拉方程导出近场涌浪最大波幅的无量纲控制方程：

$$a_m/h=1.32\left(\frac{T_s}{V}\right)^{-0.68} \tag{1-19}$$

式中，$T_s=t_s\sqrt{g/h}$ 为相对滑坡体水下运动时间；$V=V_s/(bh^2)$ 为相对滑坡体体积。在 Walder 等人的实验研究中，滑坡相对弗劳德数 Fr 对初始涌浪的影响比较小。

我国水利研究学者于 20 世纪 80 年代开始通过水槽模型实验对滑坡涌浪展开大量研究，这其中包括潘家铮在 Noda 模型基础上，利用单向流分析成果，建立了岸坡水平变形和垂直变形两种极端情况下初始涌浪计算公式，同时基于孤立波的连续原理和叠加特性，提出涌浪沿河道的衰减公式[36]；袁银忠和陈青生[37]从非恒定流方程出发，推导出了滑坡涌浪的基本方程，并通过二维块体模型实验论证了数值模型的合理性；庞昌俊[38]在一个长 25m、宽 1m、高 0.9m 的波浪水槽中，用混凝土块模拟厚度大于水深的滑坡体入水产生涌浪，这也是最早开始进行浅水滑坡涌浪研究的雏形。根据他的实验结果：在二维、平底、静水、滑坡体厚度大于水深情况下，斜滑坡产生的最大初始涌浪高度主要与相对滑速和滑坡坡度有关，并通过量纲分析得到初始、过渡和稳定三个阶段的涌浪高度经验公式：

最大初始涌浪：$H_{\max}/h=(v_s/\sqrt{gh})^{0.9}$ $\qquad\qquad$ (1-20a)

过渡段涌浪：$H_{tr}/h=0.72+0.9\lg(v_s/\sqrt{gh})$ $\qquad\qquad$ (1-20b)

稳定涌浪：$H_{tr}/h=0.52+0.56\lg(v_s/\sqrt{gh})$ $\qquad\qquad$ (1-20c)

近些年，随着研究者对滑坡涌浪产生机理的了解不断深入以及实验条件的提高，纯二维块体滑坡模型已经越来越少被使用，而是在其基础上做了一定程度的改变。如 Tang 等[39]利用块体和颗粒体材料组合的滑坡体，基于二维水槽模型进行兴波实验，并将实验结果与相同质量和释放高度的单块体滑坡模型进行比较，发现块-粒组合滑坡模型产生的近场涌浪波幅远大于单块体滑坡模型，这是因为相同质量的块-粒组合滑坡体具有更大的厚度和滑坡相对弗劳德数，且单块体滑坡体滑动到坡脚处随即停止，但块-粒组合滑坡体在块体停止运动后，颗粒体还会继续运动产生叠加涌浪；Ataie-Ashtiani 和 Nik-Khah[40]通过二维水槽实验研究了不同几何形状的水上刚性体运动对初始涌浪的影响，实验结果表明近场最大波幅受滑坡倾角、滑速、滑坡体厚度影响较大,而滑坡体形状所带来的影响较弱;Huang 等[41]通过薄水泥板沿二维水槽滑动模拟产生浅水滑坡涌浪,通过正交设计法共进行 25 组实验。由于水深较浅,滑坡体与水体作用时间较短,因此在水面只形成一个初始波峰,并伴随产生一个冲击力极强的水舌拍打对岸。在实验结果基础上,Huang 等推导出了二维浅水涌浪初始波幅、波长及射流高度的无量纲函数,并基于布西内斯克(Boussinesq)方程及结合 FUNWAVE 平台开发了浅水滑坡涌浪 LIWSW 模型,对浅水涌浪沿河道传播规律进行预测。岳书波等[42]运用高速摄像机记录滑坡体入水形成涌浪的过程,并采用多功能监测系统测量滑坡涌浪形成后沿程传播的水位变化过程线,揭示了滑坡涌浪的初始运动形态特征和衰减变化规律。

2. 三维块体滑坡涌浪模型

与二维模型相比,三维模型由于缺少对水体的横向约束,导致涌浪会向两侧扩散并沿径向角方向产生更大范围的波阵面(图 1-8),因此滑坡动能向涌浪波能的能量转化率会大大降低。Johnson 和 Bermel[43]于 1949 年在三维波浪港池中用一个金属圆盘撞击水面来模拟核爆炸产生的冲击波,这也是文献所记载的最早三维块体涌浪实验;Slingerland 和 Voight[44]通过三维块体滑坡涌浪实验发现涌浪波幅衰减与 $1/r$ 成正比,r 为径向传播距离。

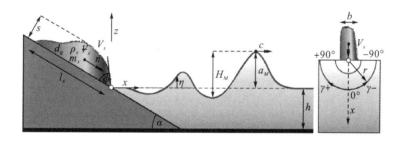

图 1-8　二维与三维滑坡涌浪控制参数及涌浪特征[1]

Panizzo 和 Girolamo[45]在长 12m、宽 6m、深 0.8m 的波浪港池中进行三维块体兴波实验,并假定三维滑坡涌浪沿射向角传播过程中在滑坡体滑移主方向上对称,在此前提下沿着靠近港池一侧侧壁末端释放矩形块体,滑坡倾角选择 16°、26°和 36°。根据实验结果,结合 Watts[46]和 Walder 等[35]所做的研究,将滑坡体水下运动时间作为初始涌浪高度的主要影响因素。定义无量纲滑坡体水下运动时间为

$$t_s^* = t_s\sqrt{g/h} = 0.43\left(\frac{bs}{h^2}\right)^{-0.27}\left(\frac{v}{\sqrt{gh}}\right)^{-0.66}(\sin\alpha)^{-1.32} \tag{1-21}$$

式中,t_s 为滑坡体水下运动时间,表示滑坡体从入水到沉积停止过程中所经历的时间;h 为静水水深;b 为滑坡体宽度;s 为滑坡体厚度;v_s 为滑坡体入水时的速度;α 为滑坡倾角。并通过分析得到近场最大波高沿射向角方向衰减的经验公式:

$$\frac{H_{\max}}{h} = 0.07 \left(\frac{t_s^*}{A_w^*}\right)^{-0.45} (\sin\alpha)^{-0.88} \exp(0.6\cos\theta)\left(\frac{r}{h}\right)^{-0.44} \qquad (1\text{-}22)$$

式中，$A_w^* = (bs)/h^2$ 为无量纲滑坡体前缘面积；θ 为涌浪射向传播角方向；r 为射向传播距离。在此之后，Panizzo 等[47]又通过人工神经网络模型以及意大利 Vajont 水库滑坡涌浪实测资料对预测公式进行验证，得到令人满意的结果。Panizzo 等设计的三维块体滑坡涌浪模型如图 1-9 所示。

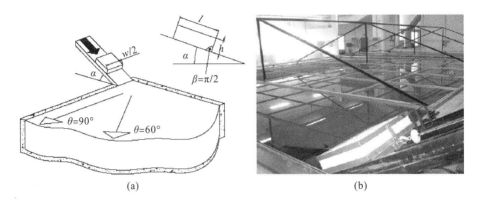

(a)　　　　　　　　　　　　　　　　　　　　(b)

图 1-9　Panizzo 等设计的三维块体滑坡涌浪模型[48]

Di Risio 等[48]利用刚性半椭圆体滑坡模型[图 1-10(a)]在一个长 10.8m、宽 5.5m、深 1.8m 的波浪水槽中模拟涌浪产生，其中滑道坡面角度为 1:3。实验中，Di Risio 等分析了近场及远场涌浪的传播规律，以及涌浪沿滑坡同侧山体的爬高规律及横向传播特征。此外，他们将侧向平板改成在水中心的锥形岛[图 1-10(b)]，利用相同的滑坡模型沿锥形岛一侧下滑模拟涌浪产生，并分析了涌浪沿锥形岛四周的爬坡规律[49]。

(a)　　　　　　　　　　　　　　　　　　　　(b)

图 1-10　Di Risio 等设计的三维椭圆体滑坡涌浪模型[49-50]

Heller 等[50]采用物理+数值复合建模方式来研究滑坡涌浪问题，旨在对滑坡体与水体间的相互作用提供更深入的物理认知，以便扩大现有经验公式在涉水滑坡风险评估中的适用范围。此外，他们通过建立二维与三维块体滑坡涌浪对比性实验，发现二维近场涌浪波幅最高可比三维模型结果大 17 倍，并详细分析了两种模型结果的适用情况，为实际应用中选择哪种模型提供一定的理论依据。

由于以往滑坡涌浪大都基于概化水槽模型进行研究，水槽边壁及底部地形过于理想化可能导致现实复杂河道地形对涌浪折射及反射造成的影响被忽略掉。Wang 等[51]在充分考虑地形效应的基础上，对原型河道进行正态缩放，真实地还原了天然河道地形情况，在此基础上进行了三维块体滑坡涌浪实验，并对实验结果进行分析，提出近场最大波幅及沿程衰减的经验公式；肖莉丽等[52]以三峡库区典型河道为原型，以 1∶200 的正态比尺进行滑坡涌浪三维模型实验，研究涌浪产生过程中近场区域的水舌和初始涌浪高度，并以抛物线型作为水舌运动的轨迹方程，预测水舌拍打到河道对岸的高度；刘艺梁[53]以白水河滑坡河道为原型建立 1∶200 的物理模型，并统计分析三峡库区一百多个潜在滑坡的地质资料，通过正交实验设计和单因素实验方法，开展滑坡涌浪三维物理模型实验；通过模型实验提出涉水滑坡失稳后的速度计算模型，并采用敏感性分析方法提出适合三峡库区滑坡涌浪的计算模型。

3. 二维散体滑坡涌浪模型

散体滑坡涌浪模型的提出源于除崩塌等少数较陡斜坡上的岩土体在重力作用下以整体下滑外，绝大多数滑坡体在滑动过程中由于内部变形以及与山体之间的摩擦碰撞导致岩土体离散破碎，而块体模型由于忽略了滑坡体孔隙度带来的影响，通常会比散体模型产生更大的波高。此外三维散体滑坡体会在剪出口处发生扩散，从而因增加入水宽度而引起更大范围的初始波阵面，因此用块体模型结果来预测散体滑坡涌浪可能会与实际情况不符。Huber[54]是最早通过散体滑坡模型来研究涌浪特性的学者之一，并且对二维和三维散体模型都做了相关研究。1980 年，他用直径为 8～30mm 的混合颗粒材料模拟散体滑坡并在一个二维水槽中进行约 1000 次滑塌实验，其中颗粒密度为 2700kg/m^3，滑动冲击角度 $\alpha=$ 28°～60°，实验水深 0.12～0.36m，并用波高仪对水面高程变化进行测量。由于散体滑坡体在滑动过程中会产生速度梯度，Huber 提出用滑坡体前缘速度来代替滑速，通过分析实验结果，得到了涌浪波高 H、波长 L、波速 c 和周期 T 的经验公式。Huber 在涌浪生成区共观测到三种波形，包括正弦波、椭圆余弦波和孤立波，其中正弦波比其他两种波的衰减速度更快；此外，通过测量到的波速发现，每一个波幅的传播速度都是不同的，且相互之间是孤立存在的，而在能量转换率上二维散体模型中有 1%～40%的滑坡动能转化为涌浪波能。

Fritz 等[55]利用一个气动滑坡发生装置在二维水槽中模拟散体滑坡涌浪产生，如图 1-11 所示。此套实验系统可大大提高测量的重复精度并且能够独立改变涌浪产生的所有重要参数，如滑坡体冲击速度可以独立于滑坡体冲击角度和滑坡体厚度变化，因此可以大大提高实验精度。实验确定了 7 个与涌浪相关的控制参数，即静水水深 h、滑坡体厚度 s、散体颗粒直径 d_g、滑坡体冲击速度 v_s、滑坡体体积 V_s、滑坡体密度 ρ_s 以及滑坡倾角 α，其中 $\rho_s=1720\mathrm{kg/m^3}$，$\alpha=45°$，$d_g=4\mathrm{mm}$ 为常数，而其他 4 个参数则在一定范围内变化。实验还首次采用粒子图像测速(PIV)技术对近场涌浪通道上的速度矢量场进行跟踪测量，并确定了滑坡冲击区四种流动状态，即无流动分离、局部流动分离、向后塌陷冲击坑和向前塌陷冲击坑，PIV 实验相关研究结果可参阅文献[56]。文献[55]总结了 Fritz 二维散体滑坡涌浪实验的主要研究成果，包括近场涌浪波形分类、最大波峰振幅、波速、波长预测、涌浪的非线性特征以及滑坡体与水体间的能量转换等，其中将滑坡相对弗劳德数 $Fr = v_s / \sqrt{gh}$ 和相对滑坡体厚度 $S = s / h$ 作为涌浪产生的主导无量纲参数，得到近场最大波幅的表达式：

$$\frac{a_m}{h} = (1 / 4) Fr^{7/5} S^{4/5} \tag{1-23}$$

此外，Fritz 等[55]基于能量均分假设前提得到初始涌浪及 $X = x/h = 8$ 处波列的波能计算结果，从而发现滑坡动能向初始涌浪波能的能量转化率为 2%~30%，向整个波列的能量转化率为 4%~50%。

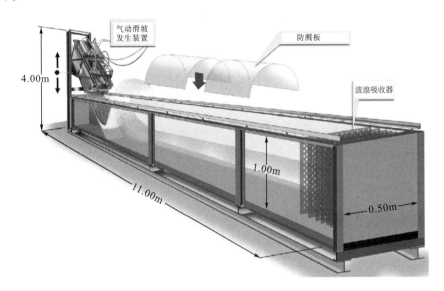

图 1-11　Fritz 二维散体滑坡涌浪模型实验装置

Zweifel 等[21]延续了 Fritz 的模型实验，并将滑坡体密度范围扩大到 $\rho_s = 955 \sim 2640 \mathrm{kg} / \mathrm{m}^3$。在考虑滑坡体质量的影响下，得到近场最大波幅的表达式：

$$\frac{a_m}{h} = (1 / 3) Fr S^{1/2} M^{1/4} \tag{1-24}$$

式中，$M = m_s / (\rho_w b h^2)$ 为无量纲滑坡体质量，相关系数 $R^2 = 0.93$。此外，Zweifel 等还得到波幅随传播距离衰减的经验公式：

$$\frac{a(x)}{h} = 2 S^{1/2} \tanh \left[0.25 Fr^{3/2} (M / X)^{1/2} \right] \tag{1-25}$$

从式(1-25)中可以发现，相对波峰振幅 $a(x) / h$ 正比于 $\tanh \left(x^{-1/2} \right)$。在近场区一共发现四种波形：振荡波、椭圆余弦波、孤立波和涌波，它们的变化区间由 Fr 和 S 决定。

Heller 等[56]沿用了 Fritz 与 Zweifel 的二维散体滑坡涌浪发生装置并对模型的弗劳德相

似、流体黏滞性、表面张力、可压缩性等参数进行详细尺度效应分析后提出当实验水深小于 0.2m 时，由于流体黏性和表面张力的影响，会对实验结果产生相当大的尺度效应。实验采用气动滑坡发生装置对四种不同材料的颗粒状滑坡体进行加速以产生涌浪，并分别对静水深度、滑坡体厚度、滑坡体冲击速度、滑坡体体积、滑坡体密度、滑坡倾角、颗粒直径 7 个控制参数进行独立变化研究。实验中在滑道上方布设两个激光距离传感器以对滑坡体入水前的形状变化及质心速度进行跟踪测量，并在水槽通道中设置 7 个电容式波高仪对沿程涌浪特性进行测量；此外，还在滑坡冲击区布置了粒子图像测速系统以观测涌浪产生过程中的速度矢量场。Heller 等通过实验发现散粒体滑坡产生的涌浪特征参数经验公式与一个无量纲参数 P 有关，他们将其称为涌浪生成参数：

$$P = FrS^{1/2}M^{1/4}\left(\cos\beta\right)^{1/2}, \quad 0.17 \leqslant P \leqslant 8.13 \tag{1-26}$$

式中，通过分析近场最大涌浪及其衰减过程发现，涌浪波高大约为波峰振幅的 1.25 倍，由此可见涌浪的非线性程度较高，且波速可以近似用孤立波波速来描述。

Miller 等[57]在二维水槽中释放超过 500kg 的散粒体滑坡模拟涌浪产生，结果表明：如果颗粒状滑坡体在入水前具有较长的滑动距离，则滑坡体在入水时会变得又长又薄，因此整个滑坡体在水中的运动时间变长，导致滑坡体还未全部入水初始涌浪就已从近场传播出去，此时只有部分滑坡体对初始涌浪的形成产生作用。实验主要集中在这种长而薄的散粒体滑坡上，并在研究初始涌浪波场特征时引入了有效质量(也就是参与到造波过程的那部分滑坡体质量)的概念，此外还提出在研究长而薄的滑坡时有必要进一步考虑动量传递过程中的时间尺度问题。Lindstrøm[58]在一个二维波浪水槽中模拟水上滑坡涌浪产生过程，实验过程中保持滑坡体体积、初始释放高度、滑坡倾角和水深不变，通过改变滑坡体材料研究不同滑坡体孔隙率(透水率)对涌浪的影响。实验分别采用块体以及粒径为 3～25mm 的颗粒材料来改变滑坡体孔隙率，并通过以往经验公式的预测结果与实验结果的差异性来分析孔隙率对涌浪的影响。

4. 三维散体滑坡涌浪模型

三维散体滑坡涌浪模型相对于前面几种模型来说，无论从建模还是量测技术上都是最复杂的，所产生的涌浪也最接近真实情况，因此近年来有越来越多的学者运用此模型对三维涌浪特性展开研究。但最早的三维散体涌浪模型可以追溯到 20 世纪 70 到 80 年代，其中具有代表性的是 Huber[54]所做的三维散体涌浪实验，他通过模型实验产生三维径向涌浪，并且发现涌浪波高衰减强烈依赖于径向传播距离 r 和径向传播方向角 θ，波高表达式如下：

$$\frac{H}{h} = 2.088\sin\alpha\cos^2\left(\frac{2\theta}{3}\right)\left(\frac{\rho_s}{\rho_w}\right)^{1/4}\left(\frac{V_s}{bh^2}\right)^{1/2}\left(\frac{r}{h}\right)^{-2/3} \tag{1-27}$$

Mohammed[59]在长 48.8m、宽 26.5m、深 2.1m 的三维波浪港池中进行了一系列散体滑坡涌浪研究(图 1-12)。模型滑坡体采用粒径为 12.7～19mm 的天然圆形河砾(d_{50}=13.71mm)，滑坡运动是由一个固定在 1∶2 的边坡上的新型气动滑坡涌浪发生装置产生。Mohammed 和

Fritz[60]在实验结果基础上利用多元回归分析方法得到初始涌浪波峰振幅、波谷振幅和第二涌浪波峰振幅的预测方程：

$$\frac{a_{c1}}{h} = 0.31 Fr^{2.1} S^{0.6} \left(\frac{r}{h}\right)^{-1.2 Fr^{0.25} S^{-0.02} B^{-0.33}} \cos\theta \tag{1-28}$$

$$\frac{a_{t1}}{h} = 0.7 Fr^{0.96} S^{0.43} L^{-0.5} \left(\frac{r}{h}\right)^{-1.6 Fr^{-0.41} S^{-0.02} B^{-0.14}} \cos\theta \tag{1-29}$$

$$\frac{a_{c2}}{h} = 1.0 Fr^{0.25} B^{-0.4} L^{-0.5} \left(\frac{r}{h}\right)^{-1.5 Fr^{-0.5} B^{-0.07} L^{-0.3}} \cos^2\theta \tag{1-30}$$

式中，a_{c1}、a_{t1} 和 a_{c2} 分别为初始涌浪波峰振幅、初始涌浪波谷振幅和第二涌浪波峰振幅；h 为静水水深；$Fr = v_s / \sqrt{gh}$ 为滑坡相对弗劳德数；$S=s/h$ 为相对滑坡体厚度；$B=b/h$ 为相对滑坡体宽度；$L=V_s/(sbh)$ 为相对滑坡体长度；θ 为涌浪射向传播方位角。

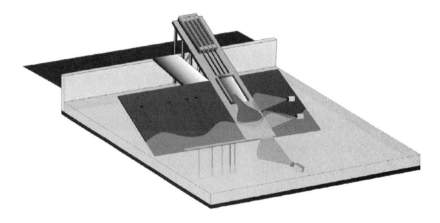

图 1-12　Mohammed 三维滑坡涌浪模型实验场景

McFall[13]在 Mohammed 模型实验基础上研究了更多场景下的涌浪传播特性，包括模拟开敞海域、窄峡湾、弯曲海岬与锥形岛等，如图 1-13 所示。而后文献[61]对实验结果进行总结分析后得到：滑坡体沿平面下滑产生的初始波峰振幅要大于沿锥形岛坡面产生的初始振幅，但初始波谷振幅及第二波峰振幅均小于锥形岛场景。此外滑坡动能向涌浪波列的能量转换率为 1%~24%，卵石滑坡的能量转换率平均比砾石滑坡多 43%。最后，推导了平面及锥形岛山体滑坡产生近场涌浪的预测方程(包括波幅、周期、波速、波长和波能)。Huang 等[62,63]按照 1∶200 的模型比尺，根据重力相似准则，建立了一个长 24m、宽 8m、高 1.3m 的物理实体模型，以模拟龚家坊滑坡发生水域 4.8km 河道内的涌浪发生情况。模型滑坡体采用 d_{50}=1.47mm 的大理石粗砂，滑坡形状为等腰梯形，物理实验复演了 172.8m 水位时的龚家坊滑坡涌浪，得到最大涌浪高度为 17.4m，与原型相差不到 10%，并根据实验结果建立了一个由经验公式、理论公式和实验公式组成的涌浪计算公式体系。陈里[64]、韩林峰等[65,66]、胡杰龙等[67]和曹婷等[68]根据三峡库区岩体滑坡裂隙发育特点，建立裂隙间距级配曲线对滑坡进行散体化处理，在此基础上研究了岩体滑坡的涌浪特性及爬高冲刷规律，并初步探讨了涌浪对系泊与锚泊船舶的影响机理。

图 1-13 三维散体滑坡体沿锥形岛下滑模型[28]

5. 活塞模型

活塞模型的提出是基于当滑坡体厚度接近水深时，滑坡体与水体间的相互作用可视为一个水平穿透水体的垂直壁在推动水体运动，与此相似的滑坡涌浪实例有意大利 Vajont 水库滑坡[21]、美国 Spirit Lake 滑坡[69]以及我国云阳鸡扒子滑坡[5]等。Miller[70]最早开始利用一个典型的水平运动活塞造波器来模拟沿海滑坡所诱发的海啸；Hammack[71]用一个垂直贯穿水体的活塞来研究滑坡海啸的产生；Dean 和 Dalrymple[72]、Synolakis[73]、Hughes[74] 在他们的研究中都曾提到过活塞运动距离对初始涌浪波高的影响；Noda[19]在假设垂直壁板的水平位移远小于水深的前提下，使研究问题线性化，并推导出垂直壁板水平推动水体所产生最大涌浪波幅的理论解：

$$\frac{a}{h} = 1.32\left(\frac{v_s}{\sqrt{gh}}\right) \tag{1-31}$$

最大涌浪波幅的理论解出现在距滑坡体入水点两倍水深位置上，但通常小于实际波幅情况。Sander[75]利用刚性移动边界产生单向浅水波来模拟由部分淹没滑坡所诱发的涌浪传播速度大于滑坡体入水速度的情况，如图 1-14 所示。通过实验结果发现，由楔形活塞式涌浪发生器所产生的涌浪与活塞运动弗劳德数 Fr 有关：Fr 越小，波峰越小，波谷越大；反之，Fr 越大，波峰越大，波谷越小。虽然利用活塞模型产生涌浪通常比较方便且容易操作，但其缺点是在实验前需做出两个假设：造波器面板的边界条件假设和活塞运动距离假设。通常很难控制活塞运动与滑坡运动相似，且未考虑滑坡体透水率对涌浪的影响，因此近些年已经很少采用活塞模型来模拟涌浪产生。

图 1-14　楔形壁面的活塞式涌浪发生器

1.2.4　河道边界对滑坡涌浪传播的影响

Di Risio 等[48]建立了圆形岸坡的库区滑坡涌浪模型，并以此为基础研究了圆形岸坡的涌浪爬高规律。王育林等[76]对比较复杂的峡谷型河道危岩崩滑所产生的静态和动态破坏进行了分析，对滑坡给水工建筑物、航道及航行船只带来的危害进行了论述；并且针对长江三峡链子崖产生滑坡后会对航道造成的影响进行了定量的估算，对峡谷型河道滑坡涌浪的特征做了论证，最后建立了涌浪估算的计算公式。胡小卫[77]考虑到库岸滑坡的多发性与危害性，通过研究水库滑坡成因和产生涌浪的各方面影响因素，以三峡水库作为依托，建立了水槽概化模型；通过控制富裕水深、有效接触面积和滑坡坡度三个因素，计算滑坡涌浪的各项特性，从而进行公式推导；并且为保证准确度，每次实验都将实验值与计算值进行误差对比分析，最后得出了经验计算公式，对山区河道的水库防护滑坡涌浪危害起了很好的指导作用。林孝松等[78]为了给山区河道滑坡涌浪提供灾害预警，以三峡库区某河段作为研究对象，利用 Skyline 专业软件，对涌浪的首浪高度、传播及衰减系数、爬高、安全评估等一系列内容进行了详细的分析，设计出河道型水库的滑坡涌浪安全评估系统，该系统可以迅速地计算出滑坡后产生的单元涌浪特征值以及模拟段的单元涌浪分布情况。谢海清等[79]利用计算仿真工具 FLOW-3D，建立了数值模型，用于对狭窄型库区河道滑坡涌浪的产生、传播进行模拟研究。他们对滑坡产生的初始浪高和传播过程中的浪高衰减规律进行公式拟合，采用了无量纲法分析和非线性回归的方法，并在模拟结束后比对了实验结果与模拟结果，结果表明：滑坡涌浪形成的过程及传播可以很好地被该模型模拟出来，最后得到的计算公式也适用于对滑坡涌浪形成过程及传播的计算。黄兴喜[80]将新疆某个水利枢纽坝址区左岸的一个因工程施工而导致部分复活的古滑坡体作为研究对象，采用潘家铮的涌浪估算法分析计算了古滑坡体的滑坡涌浪情况，并且分析研究了不同运行工况下古滑坡体的稳定性；之后工程竣工蓄水，古滑坡体一直保持稳定，经受住了水位骤降等考验，证实该研究对实际工程有着很好的指导作用。黄筱云等[81]利用 FLOW-3D 软件，建立数值模型来模拟滑坡体沿斜坡下滑后产生涌浪及涌浪传播的过程，以研究 V 型河道中产生的滑坡涌浪的爬高及传播特点。他们将千将坪滑坡作为实例，控制水深和爬坡坡度，分别用数值计算和实测的方法研究了 V 型河道中大型滑坡体产生的滑坡涌浪的传播和爬高特征，最后证实模拟结果和实测结果一致，并且得出在深 V 型河道中两岸坡度对滑坡产生的涌浪的爬高影响很大等结论。华艳茹[82]采用立波波高作为控制参数，消除了多次反射的影响，并通过大量的室内实验，得出最大波压力随波高和波长等因素的变化规律。邵利民和俞聿修[83]改进了波浪入射波与反射波分离的两点法，使其可用于斜向入射的不规则波，并应用于三维波浪水池的物理模型实验研究，取得了较好的分离效果。

1.3　本书主要内容

全书共分 8 章，主要内容是：第 1 章"概论"，包括研究背景及目的意义，国内外研究现状及进展等。第 2 章"河道型水库滑坡特征"，主要介绍河道型水库滑坡的分类特征、岩土结构特征及滑坡的运动机制等。第 3 章"水库滑坡涌浪物理模型实验"，介绍岩质滑坡涌浪模型实验设计的依据、实验设备及测点布置、实验方案及流程等。第 4 章"岩质滑坡体水上运动特性及动量传递过程"，主要介绍滑动冲击速度、岩质滑坡体滑动变形、岩质滑坡体向水波的动量传递及浅水滑坡淹没率等。第 5 章"滑坡涌浪首浪高度及爬高"，介绍滑坡体入水的能量守恒原理、入水前的总机械能、入水后产生的首浪波能、入水前的能量转换系数、首浪高度计算模型及三维滑坡涌浪爬高等成果。第 6 章"滑坡涌浪近场波特征及其传播规律"，包括涌浪产生过程、涌浪近场波形、近场区域涌浪波幅衰减、涌浪传播速度、涌浪周期与波长及涌浪非线性等分析成果。第 7 章"滑坡涌浪经验波场区划及波高变化"，包括滑坡涌浪经验波场研究方法、涌浪经验波场区域划分、研究指标的定义、张量分析方法的应用及经验波场中波高的变化规律等。第 8 章"复杂河道边界对滑坡涌浪传播的作用"，包括复杂河道边界对涌浪传播方向和周期的影响、复杂河道边界作用下的滑坡涌浪反射波波高等。

第2章 河道型水库滑坡特征

2.1 河道型水库滑坡的分类特征

滑坡入水产生滑坡涌浪，滑坡的特征与后期涌浪特征存在着必然的因果关系，滑坡的特征深刻地蕴含着涌浪的形成条件，因此要揭示滑坡涌浪的特征，就必须首先研究滑坡的特征，而发生在河道型水库的滑坡与其生成的滑坡涌浪又有着独特的特征。为了研究河道型水库滑坡的分类与特征，本书依托长江三峡库区进行研究。根据滑坡的岩土性质，将滑坡分为松散体类滑坡和岩质类滑坡两大类。其中岩质类滑坡根据滑动面的倾角，分为缓倾角滑坡（$\alpha < 20°$）、中倾角滑坡（$20° \leqslant \alpha \leqslant 45°$）和陡倾角滑坡（$\alpha > 45°$）三大亚类。

2.1.1 松散体类滑坡特征

长江三峡库区松散体类滑坡主要有新滩滑坡、鸡扒子滑坡、鲤鱼沱滑坡等。以鸡扒子滑坡为例，在 1982 年 7 月持续的暴雨作用下，由老宝塔滑坡的西部复活而形成。鸡扒子滑坡占地面积 $0.774km^2$，体积 $1500 \times 10^4 m^3$，其特点是山体起伏较大，峰谷交错，裂缝突出；其扩散特征是向西北扩散，向东南汇合。西部石板沟地区为高密度泥石流，宽 $30 \sim 100m$，扇形前缘延伸入江。鸡扒子滑坡以东部和中部为主体，东厚西薄，总厚度 $20 \sim 60m$。共有约 $500 \times 10^4 m^3$ 滑坡体滑移，其中约 $180 \times 10^4 m^3$ 滑坡体滑入江中，导致 40m 高的涌浪波峰，以及 700m 的长江河道形成激流险滩。鸡扒子滑坡的滑动面与老宝塔滑坡西部的滑动面基本相同，似纵向的椅子，其后缘高度约 380m，坡角约 25°。滑坡体在 112m 至 115m 的高度脱离基岩滑槽，并继续沿河床的沙质卵石层滑动，直至在 70m 至 80m 的高度临空剪出。滑坡体由深红色粉质黏土碎片和碎屑组成，其厚度范围为 $2 \sim 6.35m$。滑坡体近液限固结快剪残余强度为 $C_r = 3 \sim 17kPa$，$\varphi_r = 2.3° \sim 17.2°$。

由鸡扒子滑坡总结松散体类滑坡的特征：发育于第四系堆积层中，由崩塌体的转化或老滑坡体的局部复活而形成。滑坡体的纵向形状为多台阶状，纵断面为舌状。滑坡的物质组成随滑坡发育的第四纪松散堆积的成因类型而变化，主要由散裂岩体组成，主要分布在滑坡面和凹陷内。滑坡的滑动面主要是沉积床面或继承老滑坡的滑动面，其纵向形状明显受床面或老滑坡滑动面形状的控制，通常为不规则的折线或弧形。滑动面上一般有一层不同厚度的滑面土，其岩性通常为亚黏土或碎石，有明显的擦伤痕迹。滑面土通常是软塑性到半硬塑性状态，具有良好的隔水性能，滑坡体一般含有孔隙潜水。在滑坡体前缘，地下水往往以零散的形式渗出，形成湿地，但流量一般较小。这类滑坡主要发生在雨季，特别是暴雨期间，其形成前的主要形变方式为蠕变拉裂或滑动拉裂。

2.1.2 岩质类滑坡特征

长江三峡库区有许多岩质类滑坡。其中，缓倾角滑坡（$\alpha < 20°$）有安乐西、太白岩、猫须子、陈家吊崖、高焦炉、范家坪、高家嘴、芡草沱、刘家屋场、白衣庵、百换坪、水竹园、三蹬子、新屋、藕塘、宝塔、云阳西城、旧县坪、吊岩坪、玉皇观、后槽、坝脚、桃园、草街子等；中倾角滑坡（$20° \leqslant \alpha \leqslant 45°$）有黄蜡石、大湾、流来观、大坪、关庙沱、龙王庙等；陡倾角滑坡（$\alpha > 45°$）较少。

以万州滑坡群为例，分析典型的岩质顺层滑坡。万州滑坡群包括玉皇观、草街子、安乐寺、太白岩、吊岩坪五大滑坡，均在万州向斜轴部附近的侏罗系沙溪庙组砂岩与泥岩互层中。泥岩的矿物成分主要为蒙脱石和伊利石。岩层平坦且倾角小于 5°。岩层走向 N60°～70°E，倾向 NW 或 SE，倾角 60°～80°；走向 N2°～25°W，倾向 SW 或 NE，倾角 70°～80°，发育两组结构裂隙和层裂隙。在长江及其支流的侵蚀和切割下，斜坡多呈三面临空的台阶状，坡顶高程为 300～600m，与长江低水位高度差为 200～500m。区内岩层富水性相对较弱，泉水流量一般小于 0.10L/s。砂岩和下伏泥岩接触面的地下水相对富集，泉水流量相对较大。根据钻探，泥岩顶面泥浆现象较为常见。因此，砂岩与泥岩的接触面构成该区域内边坡变形和破坏的主要控制面。该区域于 1982 年 7 月 16 日达到最大日降雨量 243.3mm，成为当时三峡库区主要的暴雨中心之一，为滑坡的形成提供了有利条件。

万州滑坡群位于万州市区附近约 30km² 的区域。其中，草街子、太白岩滑坡位于万州市沙河岸边。玉皇观滑坡位于市区东北部的长江左岸。吊岩坪滑坡位于市区南西部的长江左岸。安乐寺滑坡位于万州城区北西的苎溪河北岸。滑坡规模相对较大，面积为 0.91～2.39km²，体积为 1747×10^4～$6426 \times 10^4 m^3$。五个滑坡总面积为 9.3km²，总体积为 $21563 \times 10^4 m^3$。根据钻探，吊岩坪滑坡体的组成主要为亚黏土夹碎块石，而其他滑坡可大致分为两层：上部为亚黏土夹碎块石，下部为砂岩、泥岩碎裂岩体。滑坡体厚度一般为20～30m，个别达到 60m。由于在滑坡的滑动过程中不可避免地受到挤压，裂隙岩体的产状变得更陡，甚至弯曲。滑面主要沿沙溪庙组泥岩面发育，后边缘高度为 250～400m，滑坡体前缘剪出口高度一般为 180～210m。安乐寺、草街子、太白岩等滑坡脱离剪出口后均堆覆于河床砂卵石砾石层之上。滑面土由亚黏土和少量碎石组成，厚度较薄，一般为 0.1～0.3m，局部 1.9m。滑面土的抗剪强度变化很大，近液限固结快剪残余强度为 C_r=10～25kPa，φ_r=5.6°～11.9°。滑动面具有良好的防水性，滑坡体含有孔隙潜水或孔隙裂隙潜水，地下水经常渗出，形成前缘湿地，流量多为 0.1L/s 左右。

以流来观滑坡为例，分析典型的岩质切层滑坡。流来观滑坡位于秭归县附近，处于沙镇溪背斜东端南翼，发育于巴东组岩层组成的逆向岸坡段。岩层走向 N50°～90°E，倾向SE，倾角 25°左右。岩层中纵向和横向高倾角裂缝和卸荷裂缝发育。此外，该地区位于鄂西中低山区，暴雨频发，加剧了滑坡的发育。滑坡具有明显的"圈椅"地形，东侧壁上有厚 0.2～0.4m 的半胶结碎石，壁上擦痕密布，向河流倾斜。这表明斜坡的早期变形破坏主要是半解体错落式，后期大规模失稳时，滑动面才成为弧形，平均倾角为 22.9°。根据滑坡体后缘基岩的特征和物质分布，东侧与西侧的滑动距离有明显差异：东侧约 750m，西侧约 320m。滑坡体结构较为复杂，滑坡背面主要由解体和半解体的大块石夹碎石组成，其成分以紫红色粉砂岩、砂岩为主。中部主要为碎石土，东部土质成分较重。前缘是紫红色砂岩，粉砂岩夹有大块的泥岩碳酸盐岩，碎石填在中间，结构紧凑，形成了比较陡峭的临江岸坡。根据勘探资料，滑坡体的物质存在由表面向内部由细变粗的趋势。一般情况下，在主滑动面上方有几个小的派生滑动面，产状变化较大。主要滑动面基本连续统一，纵向、横向弧形，东面稍低，厚度 2～5m。滑动面上部以碎块石夹岩屑为主，下部黏土含量较高。整体而言，构造复杂，结构紧凑。滑面土的天然抗剪强度为 C_f=27～29 kPa，φ_f=21°～24°。滑坡剪出口高度为 65～68m。

从上述万州滑坡群和流来观滑坡的典型案例中，可以得出如下结论。

(1)岩质类滑坡发育在具有软硬相间地质结构的层状体岸坡段，由碎屑岩类或碳酸盐岩类夹碎屑岩类组成。纵向形状通常是多阶梯形或脊形波形，纵向轮廓形状通常是舌形或断线形或波形。滑坡体由散裂结构与碎裂结构岩体组成，褶皱明显，产状紊乱。在滑动面上通常存在厚度为 0.1～1m 的滑面土，其岩性为含砾石角砾岩或砾石亚黏土或含砾石黏土的亚黏土。黏土矿物的组成与母土基本相同，一般由伊利石、隐晶土、蒙脱石等组成。部分滑坡体的滑面土中含有隐晶方解石 3%～20%，其他矿物的含量很少。滑面土通常为软塑至半硬可塑状态，其中大部分具有滑动镜面和擦痕，近液限固结快剪残余强度为 C_r=7～49kPa，φ_r=5.6°～23.5°。滑动面具有良好的隔水性，滑坡体一般含有孔隙潜水或孔隙裂隙潜水。在滑坡的前部，地下水通常以一股或多股的形式渗出而形成湿地，但流量通常较小。

(2)岩质顺层滑坡特征是：发育在具有软硬相间层状地质结构的顺向岸坡段，由碎屑岩类或碳酸盐岩类夹碎屑岩类组成。滑动面主要由软弱夹层控制，沿软弱夹层发育，滑动体前部有切层现象。滑动面倾角随构造形态变化，以缓倾角为主，平均倾角为 7°～19°。滑动面的纵向形状多为线性或椅子状，部分滑坡的滑动面由于受低序次膝状构造的影响而呈波浪形或弧形。这类滑坡形成前的主要变形方式是滑移弯曲，其次是塑性流动张力裂缝或滑移拉裂。

(3)岩质切层滑坡特征是：发育于逆向岸坡段，由碎屑岩类或碎屑岩类夹泥质碳酸盐岩类组成。滑动面主要受高倾角裂隙结构面与缓倾外裂隙结构面控制，切层发育，纵向形状多为折线形或弧形，平均倾角为 22°～27°。此类型滑坡形成前可能经历的主要变形方式为滑移拉裂、蠕滑拉裂和弯曲拉裂。

2.2　河道型水库滑坡的岩土结构特征

滑坡的岩土结构是影响滑坡涌浪特征的重要因素，主要包括滑坡体的岩土结构和滑面土的岩土特性。滑坡体受其自身岩土性质的影响，大多为层状结构，节理裂隙发育。滑坡体在下滑过程中，向水中移动和碰撞，成碎裂状滑入水中，形成滑坡涌浪。因此，研究滑坡体的碎裂结构特征是研究其岩土结构特征的主要指标之一。滑坡体与滑槽之间的滑面土，是在内外动力作用下，发生破坏、挤压、运动和后期风化而形成的土体，是研究滑坡体下滑的另一个主要指标，其岩土的力学特性决定了滑坡体与滑槽之间的摩擦系数，进而直接影响滑坡的摩擦阻力、下滑速度、滑坡动能等。

2.2.1　滑坡体的岩土结构

1. 滑坡体的组成块体特征

根据块体的破碎程度，将滑坡的块体划分为块裂结构块体、碎裂结构块体、散裂结构块体。其中块裂结构块体，岩石破碎轻微，裂缝小，原始岩层基本保留，产状变化不大；碎裂结构块体，岩石破碎严重，节理裂隙密集，中间夹杂黏性土，原始岩层依稀可辨，产状紊乱；散裂结构块体，岩石破碎成块石、碎石与土壤混合堆积物。成因为岩质滑坡的块体，碎块石岩性较为单一，在硬质岩石区，土的含量少，在软质岩石区，土的含量较多；其他成因类型的块体，碎块石的岩性成分较为复杂，土的含量一般较多。

2. 滑坡体的岩土结构特征

滑坡体的破碎程度受地层岩性、形成机制、活动次数、滑速、滑距等多方面因素的影响，即使同一个滑坡体的不同部位，其破碎程度也不尽相同。按滑坡体总的破碎程度可分为极破碎、破碎和轻度破碎三种。

(1) 极破碎的滑坡体。①对于单个结构，滑坡体由散裂结构块体构成，其中散裂结构块体的比例一般在 70% 以上，主要为崩坡积层滑坡或残坡积层滑坡，如鲤鱼沱滑坡、新滩滑坡。②对于简单结构，滑坡体由散裂结构块体夹杂碎裂结构块体构成，主要为老滑坡多次复活或坡积层与下伏基岩一起参与的滑坡，如安乐寺滑坡、三蹬子滑坡。

(2) 破碎的滑坡体。①对于复杂结构，滑坡体由碎裂结构块体、散裂结构块体和块裂结构块体组成，其中块裂结构块体的比例一般小于 40%，主要为岩质顺层滑坡和岩质切层滑坡。滑坡岩体的分带性明显，散裂结构块体主要分布于上部及前后缘；块裂结构块体主要分布于底部，如黄蜡石滑坡、关庙沱滑坡、艾草沱滑坡、刘家屋场滑坡等。②对于较为复杂的结构，滑坡体由散裂结构块体和碎裂结构块体组成，二者的比例为 60% 和 40%，主要为岩质滑坡，碎裂岩和散裂岩相互混杂。散裂岩主要分布于滑坡体上部和前后缘，如流来观滑坡、大湾滑坡、云阳西城滑坡等。

(3) 轻度破碎的滑坡体。①对于单一结构，滑坡体为整体性较好的块裂结构块体，仅前缘部位有散裂结构块体分布，主要为缓倾顺层滑坡，如玉皇观滑坡、草街子滑坡、龙王庙滑坡等。②对于简单结构，滑坡体主要由块裂结构块体组成，夹杂少量的散裂结构块体与碎裂结构块体，其中块裂结构块体的比例大于 70%，主要为变角外倾的顺层滑坡，如百换坪滑坡、高家嘴滑坡、新屋滑坡等。

2.2.2 滑面土的岩土特征

1. 滑面土的物质组成

滑面土的物质组成首先取决于母体，研究表明滑面土的碎屑物多来自母岩体，其黏土矿物成分也和母岩体基本一致；其次取决于风化条件，与滑坡体的岩土结构、埋藏深度、形成时间密切相关。以高家嘴滑坡为例，在滑坡体前缘，因为滑动面埋深很浅，风化程度高，其黏土矿物成分高达 93%；而滑坡体中部，由于滑动面埋深较大，风化程度低，其黏土矿物成分为 55%，明显低于前缘。由此可知，滑面土的埋深越小，土质越软，形成时间越长，风化程度越高，其黏土矿物成分含量越高，反之，其黏土矿物成分含量越低。

在显微镜下观察滑面土的微观结构，发现主要有鳞片状结构、隐晶状结构、微晶状结构。其中鳞片状结构为滑面土的主要结构，其矿物成分主要为鳞片状的伊利石，定向排列并与滑动面成小角度相交，接触面吸力较小，结构连接不牢固，对水有阻隔作用。饱水状态的滑面土是滑坡滑动的重要因素。

2. 滑面土的力学性质

滑面土的力学性质指标主要包括强度指标和变形指标，这些指标均是滑坡稳定性计算的重要参数。滑面土的抗剪强度由土体间的内摩擦角 φ 和黏聚力 c 组成。以长江三峡库区为例，本书分别统计了抗剪强度（包含内摩擦角 φ 和黏聚力 c 两个指标）的峰值和残余值，并做成曲线，如图 2-1 和图 2-2 所示。

从图中可以看出，峰值强度呈正态分布，残余强度呈对数正态分布，分布较为集中，离散度较小。在峰值强度曲线中，平均内摩擦角 φ 为 16.8°，平均黏聚力 c 为 12.2kPa。在残余强度曲线中，平均内摩擦角 φ 为 13.8°，平均黏聚力 c 为 8.0kPa。

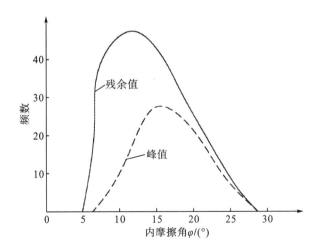

图 2-1　滑面土内摩擦角 φ 统计曲线

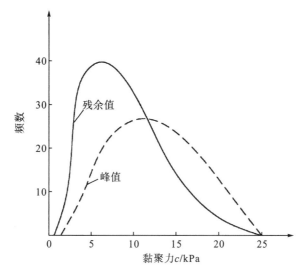

图 2-2 滑面土黏聚力 c 统计曲线

2.3 河道型水库滑坡的运动机制

滑坡体从开始启动，到沿着滑槽下滑，再到入水准备，最后入水产生涌浪，全部过程是一个有机的整体。最后产生涌浪是前三个阶段的必然结果，前三个阶段的运动特征决定着最后的涌浪生成。结合河道型水库的特点，本书将前三个阶段分别定义为滑坡启动阶段、滑坡体加速下滑阶段、滑坡体入水准备阶段。下面对这三个阶段分别展开研究，并对滑坡涌浪的形成条件进行分析。

2.3.1 滑坡启动阶段

滑坡的启动(图 2-3)是在特定的自然地质条件下，由多种诱发因素导致。但这些诱发因素中总有一个主要矛盾，称为主导因素。河道型水库按主导因素可将滑坡的启动划分为暴雨导致型、加载导致型、侵蚀导致型和浸没导致型四种类型。

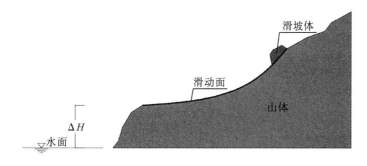

图 2-3 滑坡启动阶段示意图

(1)暴雨导致型，典型的案例是鸡扒子滑坡。鸡扒子滑坡是老宝塔滑坡的局部复活。1982 年 7 月连续发生暴雨过程，暴雨主峰 14 小时后发生滑坡。大量降雨聚集并渗透到老滑坡体中，滑面土体呈饱水状态，抗剪强度明显降低。结果表明，饱水状态下的滑面土的残余内摩擦角和残余黏聚力分别下降了 36%和 34%。更重要的是，降雨的积累和渗透导致老滑坡的地下水比枯水季节最高上升了 30m，平均水力坡度高达 19%，导致浮托力和动水压力异常高。随着地下水位不断上升，滑坡体的稳定性逐渐下降，直至达到临界平衡点，从而导致滑坡体开始滑动。由此可以看出，暴雨导致型的滑坡启动，空隙水压力对其起主导作用，另一个重要原因是在饱水状态下，滑面土体的抗剪强度大幅度下降。

(2)加载导致型，典型的案例是新滩滑坡。新滩滑坡位于宝剑峡出口，滑坡后缘靠近高陡岸坡，历史上崩塌非常严重，崩塌时有发生。据统计，在 1985 年新滩滑坡发生前的 60 年中，共有 $170\times10^4m^3$ 崩塌落在滑坡体后缘，即老新滩滑坡体后缘累计增加了 350×10^4t 的外部荷载，荷载的增加由量变产生质变，最终导致大规模滑动。由此可以看出，加载导致型滑坡启动的根本原因是滑坡体后缘的累积加载导致滑坡体的滑动力超过了抗滑力。滑坡虽然也有地下水和降雨的促进作用，但不是主导因素，而后缘加载达到了质的变化，才是发生滑坡的主导因素。

(3)侵蚀导致型，典型的案例是重钢高焦炉滑坡。重钢高焦炉滑坡位于长江转向位置，处于长期被侵蚀区域。前缘部位由软弱的亚黏土和砂泥岩碎屑组成，其抗冲刷能力较弱。在每年的洪涝期间，长江流速很快，河水不断冲刷前缘松散的岸坡，导致岸坡崩塌退却，从而使滑坡体前缘的抗滑能力逐渐降低，造成大规模滑坡。结果表明，侵蚀导致型滑坡主要是由于江水对滑坡体前缘的持续侵蚀所致，滑坡体前缘的抗滑性不断降低，最终导致滑坡体的滑动力大于抗滑力，滑坡体开始滑动。

(4)浸没导致型，典型的案例是重庆镇江寺滑坡。重庆镇江寺滑坡体以黏性土为主，1981 年汛期，洪水上涨使滑坡体全部被淹没，滑坡体处于饱水状态，当洪水急速退去，由于滑坡体为黏性土质，滑坡体中的水来不及迅速排出，产生了较高的动水压力，使原本处于基本稳定状态的滑坡体开始下滑。由此可以看出，浸没导致型滑坡一般处于洪枯水位变动带，滑坡体透水性差，洪水位持续较长，滑坡体承受较大的浮托力，迅速消落时又承受很高的动水压力，导致滑坡体失去平衡而下滑。

2.3.2 滑坡体加速下滑阶段

滑坡一旦完成启动阶段，便进入滑坡体加速下滑阶段(图 2-4)。在此阶段，滑坡体重力在垂直于滑面方向上的分力和支撑力是平衡的，但是在沿滑面方向，滑坡体重力沿滑面的分力大于滑面土提供的抗剪力，滑坡体处于加速运动状态。在这个过程中，滑坡体的重力势能不断地转换成滑坡体动能和摩擦内能，其中摩擦内能在滑坡体滑动过程中以热能、声能等其他形式的能量消散，而滑坡体动能不断累积，最终在滑坡体入水后转换成波浪能。

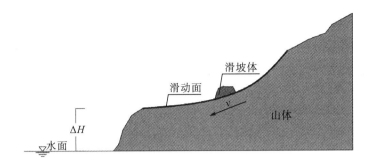

图 2-4　滑坡体加速下滑阶段示意图

以长江三峡库区陈家吊岩滑坡为例。滑面土由泥岩遇水后膨胀、软化而形成，其残余内摩擦角 φ 为 8.5°～14.6°，小于此滑坡滑动面倾角 9°～15°。在暴雨的诱发下，滑坡体开始启动下滑，由于滑坡体重力沿滑动面的分力大于滑面土提供的抗剪力，滑坡体开始加速下滑，最终运动 150m 后进入河床。

2.3.3　滑坡体入水准备阶段

在滑坡体加速下滑过程中，何时入水与滑槽形状、滑槽长度、距水面的高度密切相关，该过程可分为两种情况：一是滑坡体在距离水面一定高度时脱离滑槽进入空中再进入水中，二是滑坡体沿滑槽一直加速滑入水中。这个阶段是滑坡体入水准备阶段，其相关指标和参数与滑坡涌浪的生成特征有着最直接的关系（图 2-5）。

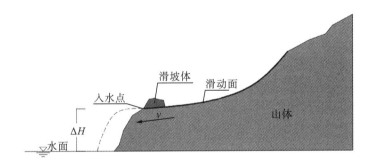

图 2-5　滑坡体入水准备阶段示意图

2.3.4　滑坡涌浪的形成条件

研究完滑坡启动阶段、滑坡体加速下滑阶段、滑坡体入水准备阶段后，这里再对滑坡涌浪的形成条件进行分析（图 2-6）。滑坡涌浪的形成条件可以归纳为两大类，即与滑坡体相关的滑坡涌浪形成条件和与河道相关的滑坡涌浪形成条件。与滑坡体相关的滑坡涌浪形成条件包括滑坡体的质量 m、滑坡体脱离滑槽时的速度 v_1、滑坡体脱离滑槽位置至水面的垂直高度 ΔH、滑动面倾角 α、滑坡体的碎裂状况、滑坡体的尺度等。与河道相关的滑坡涌浪形成条件包括河道水深 h、河道边界特征等。其中滑坡体的质量 m 和滑坡体脱离滑槽时的速度 v_1 决定了滑坡体入水时所具有的动能，滑坡体的质量 m 和滑坡体脱离滑槽位置至水面的垂直高度 ΔH 决定了滑坡体入水时所具有的势能。滑面倾角 α、滑坡体的碎裂状况、滑坡体的尺度和河道水深 h 决定了滑坡体入水时机械能转化成波浪能的转换关系。河道边界条件决定了滑坡涌浪的传播。

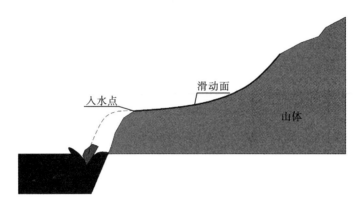

图 2-6　涌浪形成示意图

第 3 章　水库滑坡涌浪物理模型实验

3.1　实验目的及方法

物理模型实验的目的是通过概化的物理模型，以产生滑坡涌浪的相关因素为变量，设计多种实验工况，观测初始涌浪特征，量测初始涌浪和沿程涌浪的波高、周期等特征要素，为研究首浪高度和传播衰减规律奠定实验基础。物理模型实验的方法是调研和统计滑坡涌浪的相关数据，概化弯曲河道型水库模型，明确滑坡体、滑动面倾角、河道水深等特征参数，确定可能的实验工况，配备实验仪器设备，布置需要的观测点，进行物理模型实验。

3.2　实验模型设计

3.2.1　模型比尺

实验选择长江三峡库区万州河段为原型，该河段长约 6km，河道宽 500~600m，河段上游较为顺直，下游呈近似 90°弯曲。考虑实验的力学条件、可操作性以及场地限制，模型基本比尺选取 1：70，其他比尺按照有关规范进行换算，如表 3-1 所示。

表 3-1　模型比尺表

比尺类别	比尺	比尺类别	比尺	比尺类别	比尺
几何比尺	$\lambda_l = 70$	时间比尺	$\lambda_t = \sqrt{\lambda_l} = \sqrt{70}$	波高比尺	$\lambda_H = \lambda_l = 70$
面积比尺	$\lambda_s = \lambda_l^2 = 70^2$	质量比尺	$\lambda_m = \lambda_l^3 = 70^3$	波周期比尺	$\lambda_T = \sqrt{\lambda_l} = \sqrt{70}$
体积比尺	$\lambda_V = \lambda_l^3 = 70^3$	力比尺	$\lambda_F = \lambda_l^3 = 70^3$	波速比尺	$\lambda_c = \sqrt{\lambda_l} = \sqrt{70}$
速度比尺	$\lambda_v = \sqrt{\lambda_l} = \sqrt{70}$	能量比尺	$\lambda_E = \lambda_l^3 = 70^3$	波长比尺	$\lambda_L = \lambda_l = 70$

3.2.2　河道模型设计

在平面上，模型河道宽度为 8m，从河道地形图中可以发现河道弯曲段接近直角，弯曲段平面角度为 90°，弯道以上 28m，弯道以下 13m。河道模型平面图如图 3-1 所示，河道模型断面示意图和断面尺寸数据表分别如图 3-2 和表 3-2 所示。

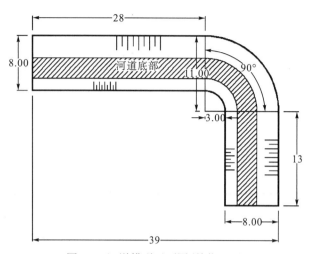

图 3-1 河道模型平面图(单位：m)

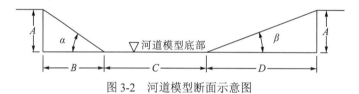

图 3-2 河道模型断面示意图

表 3-2 断面尺寸数据表

河道特征	断面号	A/cm	B/cm	C/cm	D/cm	α/(°)	β/(°)
顺直河道	0 号	116	179	294	327	33.0	20.0
弯曲河道	1 号	116	220	168	412	28.0	16.0
弯曲河道	2 号	116	184	141	475	32.0	14.0
弯曲河道	3 号	116	236	184	380	26.0	17.0
弯曲河道	4 号	116	135	296	369	41.0	18.0
弯曲河道	5 号	116	247	217	336	25.0	19.0
弯曲河道	6 号	116	222	243	335	28.0	19.0
弯曲河道	7 号	116	211	269	320	29.0	20.0
弯曲河道	8 号	116	214	227	359	29.0	18.0
弯曲河道	9 号	116	223	253	324	28.0	20.0

3.2.3 滑坡体模型设计

1. 滑坡体几何尺寸

为了能够更好地模拟滑坡体几何参数,对部分三峡库区岩体滑坡的几何形态特征进行统计。收集统计长江三峡库区滑坡 404 处,这些滑坡按照体积规模可划分为五个等级,统计如下。

(1)巨型滑坡,即滑坡体体积在 $1\times10^8\text{m}^3$ 以上。在统计数据中干、支流库岸分别有 3 处和 2 处滑坡,总体积分别为 $4.43\times10^8\text{m}^3$ 和 $3.84\times10^8\text{m}^3$,分别占干、支流库岸滑坡总体积的 29.52%与 24.51%。

(2) 大型滑坡，即滑坡体体积为 $0.1 \times 10^8 \sim 1 \times 10^8 m^3$。在统计数据中干、支流库岸分别有 24 处和 32 处滑坡，总体积分别为 $6.86 \times 10^8 m^3$ 和 $9.02 \times 10^8 m^3$，分别占干、支流库岸滑坡总体积的 45.65%与 57.60%。

(3) 中型滑坡，即滑坡体体积为 $100 \times 10^4 \sim 1000 \times 10^4 m^3$。在统计数据中干、支流库岸分别有 99 处和 62 处滑坡，总体积分别为 $3.24 \times 10^8 m^3$ 和 $2.70 \times 10^8 m^3$，分别占干、支流库岸滑坡总体积的 21.54%与 17.27%。

(4) 较小型滑坡，即滑坡体体积为 $10 \times 10^4 \sim 100 \times 10^4 m^3$。在统计数据中干、支流库岸分别有 111 处和 15 处滑坡，总体积分别为 $0.4 \times 10^8 m^3$ 和 $0.06 \times 10^8 m^3$，分别占干、支流库岸滑坡总体积的 2.69%与 0.37%。

(5) 小型滑坡，即滑坡体体积为 $1 \times 10^4 \sim 10 \times 10^4 m^3$。在统计数据中干、支流库岸分别有 46 处和 10 处滑坡，总体积分别为 $0.07 \times 10^8 m^3$ 和 $0.003 \times 10^8 m^3$，分别占干、支流库岸滑坡总体积的 0.60%与 0.25%。

从上述五个等级的统计资料看，在干流库岸分布的滑坡中，巨型、大型和中型滑坡在数量上稍小于较小型和小型滑坡总数，但巨型、大型和中型滑坡总体积占长江三峡库区滑坡总体积的绝大部分，占比 96.99%。在支流库岸分布的滑坡中，以巨型、大型和中型滑坡为主，分别占支流库岸滑坡总数和总体积的 79.34%与 99.61%。下面列举部分典型滑坡体的几何参数，如表 3-3 所示。结合实际滑坡体长度、宽度、厚度的比例，同时考虑物理模型实验的方便性，选取滑坡体模型尺寸，如表 3-4 所示。

表 3-3　典型滑坡体几何参数表

序号	滑坡名称	滑坡体体积/($10^4 m^3$)	滑坡体长度/m	滑坡体宽度/m	滑坡体厚度/m
1	新滩	3000	1000	750	40
2	大坪	760	205	100	37
3	黄腊石	1800	1000	818	22
4	作揖沱	1353	1000	398	34
5	向家湾	2000	1000	952	21
6	白鹤坪	2300	1438	1000	16
7	鸭浅湾	650	1000	500	13
8	大湾	690	998	329	21
9	鲤鱼沱	227	1000	142	16
10	关庙沱	630	1000	300	21
11	白衣庵	4434	2000	403	55
12	芡草沱	3360	1000	611	55
13	百换坪	12933	2072	800	78
14	三蹬子	691	1000	314	22
15	鸡扒子	1500	1000	600	25
16	云阳西城	2500	1724	500	29
17	龙王庙	1015	634	400	40

表 3-4 滑坡体模型几何参数表

滑坡体长度/cm	滑坡体宽度/cm	滑坡体厚度/cm
100	50	20
100	100	40
100	150	60

2. 滑坡体物理指标

为了能够更好地模拟滑坡体密度等物理指标,对收集的长江三峡库区 198 处滑坡进行统计,其中岩质滑坡数量 194 处,岩质滑坡体体积 $130093 \times 10^4 m^3$,占滑坡体总体积的 97.97%;松散堆积土层滑坡数量 4 处,松散堆积土层滑坡体体积 $4735 \times 10^4 m^3$,占滑坡体总体积的 2.03%。下面列举部分典型滑坡体的密度,如表 3-5 所示。

表 3-5 典型滑坡体密度表

序号	滑坡名称	滑坡体密度/(t/m³)	滑坡体体积/($10^4 m^3$)	滑坡体质量/($10^4 t$)
1	新滩	2.55	3000	7650
2	大坪	2.57	760	1953
3	黄腊石	2.47	1800	4446
4	作揖沱	2.30	1353	3112
5	向家湾	2.46	2000	4920
6	白鹤坪	2.37	2300	5451
7	鸭浅湾	2.46	650	1599
8	大湾	2.45	690	1691
9	鲤鱼沱	2.18	227	495
10	关庙沱	2.28	630	1436
11	白衣庵	2.37	4434	10509
12	芙草沱	2.50	3360	8400
13	百换坪	2.31	12933	29875
14	三蹬子	2.60	691	1797
15	鸡扒子	2.45	1500	3675
16	云阳西城	2.39	2500	5975
17	龙王庙	2.40	1015	2436

从表 3-5 中可以看出,长江三峡库区的滑坡体以岩石为主,滑坡体常见密度为 2.18~2.60t/m³。实验模拟滑坡体密度取 2.5t/m³。

3. 滑坡体散体构造

针对滑坡体的内部构造,进行滑动前和滑动后的对比,发现滑动前滑坡体内部的大裂隙、断层、软弱夹层等,在滑动后都已裂开并将滑坡体切割成不同大小的块体,这里称为滑坡体的散裂化。为了考察不同大小块体的占比，参照泥沙颗粒级配方法，按照长度、宽度、厚度、体积及 1：70 的几何比尺绘制成级配曲线，如图 3-3 所示。

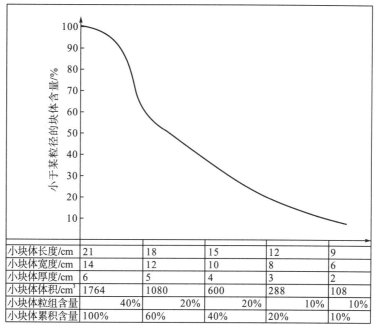

小块体长度/cm	21	18	15	12	9
小块体宽度/cm	14	12	10	8	6
小块体厚度/cm	6	5	4	3	2
小块体体积/cm³	1764	1080	600	288	108
小块体粒组含量	40%	20%	20%	10%	10%
小块体累积含量	100%	60%	40%	20%	10%

图 3-3　滑坡体内部构造级配曲线图

以上图为依据，在级配曲线中选取特征值 Vmax、V60、V40、V20、V10，作为组成滑坡体的各种型号块体的几何尺寸依据，详见表 3-6～表 3-15。

表 3-6　组成滑坡体的小块体模型几何尺寸表

小块体型号	长度/cm	宽度/cm	厚度/cm	体积/cm³	配比/%
Vmax	21	14	6	1764	40
V60	18	12	5	1080	20
V40	15	10	4	600	20
V20	12	8	3	288	10
V10	9	6	2	108	10

根据表 3-6 的小块体模型，配比各滑坡体模型如表 3-7～表 3-15 所示。

表 3-7　滑坡体模型配比表（长度 100cm×宽度 50cm×厚度 20cm）

小块体型号	长度/cm	宽度/cm	厚度/cm	单个体积/cm³	配数/块
Vmax	21	14	6	1764	23
V60	18	12	5	1080	19
V40	15	10	4	600	33
V20	12	8	3	288	35
V10	9	6	2	108	93

表 3-8　滑坡体模型配比表（长度 100cm×宽度 100cm×厚度 20cm）

小块体型号	长度/cm	宽度/cm	厚度/cm	单个体积/cm³	配数/块
Vmax	21	14	6	1764	45
V60	18	12	5	1080	37
V40	15	10	4	600	67
V20	12	8	3	288	69
V10	9	6	2	108	185

表 3-9　滑坡体模型配比表（长度 100cm×宽度 150cm×厚度 20cm）

小块体型号	长度/cm	宽度/cm	厚度/cm	体积/cm³	配数/块
Vmax	21	14	6	1764	68
V60	18	12	5	1080	56
V40	15	10	4	600	100
V20	12	8	3	288	104
V10	9	6	2	108	278

表 3-10　滑坡体模型配比表（长度 100cm×宽度 50cm×厚度 40cm）

小块体型号	长度/cm	宽度/cm	厚度/cm	单个体积/cm³	配数/块
Vmax	21	14	6	1764	45
V60	18	12	5	1080	37
V40	15	10	4	600	67
V20	12	8	3	288	69
V10	9	6	2	108	185

表 3-11　滑坡体模型配比表（长度 100cm×宽度 100cm×厚度 40cm）

小块体型号	长度/cm	宽度/cm	厚度/cm	单个体积/cm³	配数/块
Vmax	21	14	6	1764	91
V60	18	12	5	1080	74
V40	15	10	4	600	133
V20	12	8	3	288	139
V10	9	6	2	108	370

表 3-12　滑坡体模型配比表（长度 100cm×宽度 150cm×厚度 40cm）

小块体型号	长度/cm	宽度/cm	厚度/cm	单个体积/cm³	配数/块
Vmax	21	14	6	1764	136
V60	18	12	5	1080	111
V40	15	10	4	600	200
V20	12	8	3	288	208
V10	9	6	2	108	556

表 3-13　滑坡体模型配比表(长度 100cm×宽度 50cm×厚度 60cm)

小块体型号	长度/cm	宽度/cm	厚度/cm	单个体积/cm³	配数/块
Vmax	21	14	6	1764	68
V60	18	12	5	1080	56
V40	15	10	4	600	100
V20	12	8	3	288	104
V10	9	6	2	108	278

表 3-14　滑坡体模型配比表(长度 100cm×宽度 100cm×厚度 60cm)

小块体型号	长度/cm	宽度/cm	厚度/cm	单个体积/cm³	配数/块
Vmax	21	14	6	1764	136
V60	18	12	5	1080	111
V40	15	10	4	600	200
V20	12	8	3	288	208
V10	9	6	2	108	556

表 3-15　滑坡体模型配比表(长度 100cm×宽度 150cm×厚度 60cm)

小块体型号	长度/cm	宽度/cm	厚度/cm	单个体积/cm³	配数/块
Vmax	21	14	6	1764	204
V60	18	12	5	1080	167
V40	15	10	4	600	300
V20	12	8	3	288	313
V10	9	6	2	108	833

4. 滑动面倾角的选取

为了能够更好地模拟滑坡体的滑动面倾角,对收集的长江三峡库区 198 处滑坡进行统计分析,下面列举部分典型滑坡的滑动面倾角,如表 3-16 所示。

表 3-16　典型滑坡滑动面倾角表

序号	滑坡名称	滑动面倾角/(°)	滑动面长度/m	滑坡体体积/(10⁴m³)
1	新滩	20.13	2501	3000
2	大坪	22.58	614	760
3	黄腊石	23.72	1113	1800
4	作揖沱	23.80	410	1353
5	向家湾	25.95	1502	2000
6	白鹤坪	23.75	1456	2300
7	鸭浅湾	26.80	1326	650
8	大湾	26.08	1178	690
9	鲤鱼沱	11.47	675	227
10	关庙沱	24.25	613	630

序号	滑坡名称	滑动面倾角/(°)	滑动面长度/m	滑坡体体积/(10^4m³)
11	白衣庵	17.35	1192	4434
12	茨草沱	18.96	1156	3360
13	百换坪	13.68	1942	12933
14	三蹬子	19.89	1294	691
15	鸡扒子	11.71	1198	1500
16	云阳西城	16.87	800	2500
17	龙王庙	25.84	450	1015
18	猴子石	45.00	1200	1900
19	石榴树包	52.00	1500	1200
20	梓桐庙	60.00	1000	1600

从表 3-16 中可以看出，长江三峡库区的滑坡滑动面倾角为 10°~60°。根据滑动面平均倾角大小，将滑坡划分为：缓倾（$\alpha < 20°$）、中倾（$20° \leq \alpha \leq 45°$）和陡倾（$\alpha > 45°$），为尽可能包含以上各种情况，滑动面倾角选取有代表性的 20°、40° 和 60°。

5. 库区水深的选取

模型所在河段平均河底高程为 93.2m，当三峡枢纽按 145m 运行时，该河段平均水深为 51.8m，对应的河道模型水深为 74cm；当三峡枢纽按 155m 运行时，该河段平均水深为 61.8m，对应的河道模型水深为 88cm；当三峡枢纽按 175m 运行时，该河段平均水深为 81.8m，对应的河道模型水深为 116cm。

6. 滑坡体临水状态

根据滑坡体入水点距离河面的高度，滑坡体临水状态可以分为水上、临水和水下三种。为了简化模型实验，选取临水状态进行实验。

3.3　实验设备及测点布置

3.3.1　实验设备

1. 测波仪

实验采用西南水运工程科学研究所研制的超声波测波仪［图 3-4(a)］对滑坡入水后产生的涌浪特性进行测量，每次实验的采集时间为 200s，采样频率 50Hz，在不包含气泡的动态波场中测波仪的测量精度可达到±1.0mm。图 3-4(b) 显示了从不同涌浪采集点记录的典型波剖面，灰色区域代表后续波列在受到反射波干扰后所产生的反射叠加区域。

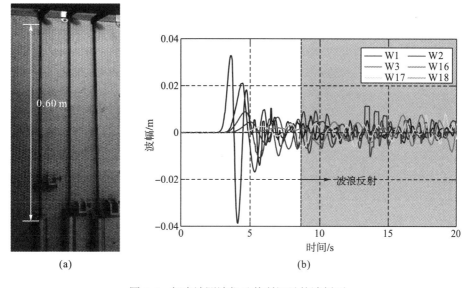

图 3-4　超声波测波仪及其所记录的波剖面

在弯曲波浪水槽中总共布置了 24 组超声波测波仪来记录生成区和传播区的涌浪特征,包括波幅、波长、波周期及波剖面等。当水深 $h = 0.88/1.16\text{m}$ 时,由于两侧边坡的存在,水深减小时,水面宽度会缩窄,此时需要调整局部测波仪的位置才能保证测量的有效性。表 3-17～表 3-19 详细列出了不同水深条件下 24 组测波仪在水槽中的具体布置位置。实验中测波仪被固定在水槽上方可自由移动的测桥上,由于不同工况下初始涌浪产生的位置可能不同,因此在水槽模型侧面采用高速摄像机记录滑坡体入水后初始涌浪的形态、位置以及溅高。此外,为了精确校正初始涌浪高度,在滑架右侧适当断面处布置高程背景板作为参照,并与高速摄像机共同完成对涌浪高度、溅高的测量,背景板的网格分辨率为 0.5cm。

表 3-17　超声波测波仪的双线位置($h = 0.88/1.16\text{m}$)

仪器编号	射线角/(°)	距滑坡径向距离/m	仪器编号	射线角/(°)	距滑坡径向距离/m
W1	0	1.50	W13	30	8.49
W2	0	3.50	W14	30	11.32
W3	0	6.00	W15	30	17.08
W4	−40	1.50	W16	40	5.22
W5	−40	3.50	W17	40	8.62
W6	−40	6.00	W18	40	12.79
W7	−80	1.50	W19	50	4.97
W8	−80	3.50	W20	50	9.03
W9	−80	6.00	W21	50	12.20
W10	−80	18.21	W22	60	1.50
W11	30	1.50	W23	60	4.90
W12	30	5.66	W24	60	9.80

表 3-18　超声波测波仪的布测位置（$h = 0.74$m）

仪器编号	射线角/(°)	距滑坡径向距离/m	仪器编号	射线角/(°)	距滑坡径向距离/m
W1	0	1.50	W13	35	8.52
W2	0	3.50	W14	35	11.96
W3	0	5.00	W15	35	15.96
W4	−40	1.50	W16	40	5.22
W5	−40	3.50	W17	40	8.62
W6	−40	5.00	W18	40	12.79
W7	−80	1.50	W19	50	4.97
W8	−80	3.50	W20	50	9.03
W9	−80	5.00	W21	50	12.20
W10	−80	18.21	W22	60	1.50
W11	35	1.50	W23	60	4.90
W12	35	5.41	W24	60	9.80

表 3-19　超声波测波仪的布测位置（$h = 0.50/0.60$m）

仪器编号	射线角/(°)	距滑坡径向距离/m	仪器编号	射线角/(°)	距滑坡径向距离/m
W1	0	1.50	W13	30	5.66
W2	0	3.00	W14	30	17.08
W3	0	4.50	W15	40	1.50
W4	−40	1.50	W16	40	5.22
W5	−40	3.00	W17	40	8.62
W6	−40	4.50	W18	40	12.79
W7	−80	1.50	W19	50	4.97
W8	−80	3.00	W20	50	9.03
W9	−80	4.50	W21	50	11.37
W10	−80	9.00	W22	60	1.50
W11	−80	18.21	W23	60	4.90
W12	30	1.50	W24	60	8.48

2. 高速摄像机

实验中在水槽的不同位置安装多台水上及水下高速摄像机，对滑坡体运动、涌浪产生及传播、沿岸爬高进行跟踪记录。由于滑坡体运动与涌浪的产生息息相关，因此实验中从多个拍摄视角记录滑坡体从开始运动到冲击水面直至滑入水中的多阶段运动过程。实验过程中摄像机的帧率设置为 100 帧/秒，另外还有一些摄像机被固定在边坡上方作为沿岸爬高混合测量系统的一部分。

3. 涌浪爬高混合测量系统

在峡谷水库环境中,由于滑坡源到对岸的距离较短,因此当涌浪传播到对岸时依然具有较大的立波高度从而形成强大的爬坡浪,对沿岸居民安全、建筑稳定性造成严重威胁,甚至会导致灾难性事件的发生。在滑坡涌浪物理模型中,对涌浪爬高的研究是很重要的一部分,因此除对最大爬高进行测量外,还着重研究了弯曲峡谷型水库沿岸爬高的变化规律。在实验水槽模型两侧岸坡总共布置 21 组爬高测点,对涌浪爬坡高度的测量采用"高速摄像机+爬高标尺"的组合测量方式,将爬高标尺固定在岸坡上,使其零刻度与水面线保持在同一高度,标尺精度为 1mm,实验中通过高速摄像机记录爬高的变化并读出最大值。

3.3.2　测点布置

1. 凸岸模型实验测点布置

如图 3-5 所示,滑坡体入水点设置在凸岸直线段,沿程布置波高测点 16 个。

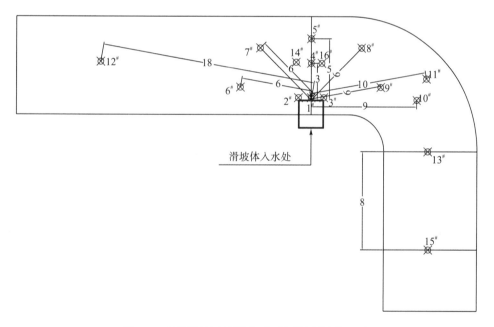

图 3-5　凸岸滑坡涌浪测点平面布置图(单位:m)

2. 凹岸模型实验测点布置

如图 3-6 所示,滑坡体入水点设置在凹岸直线段,共布置 23 个测点。

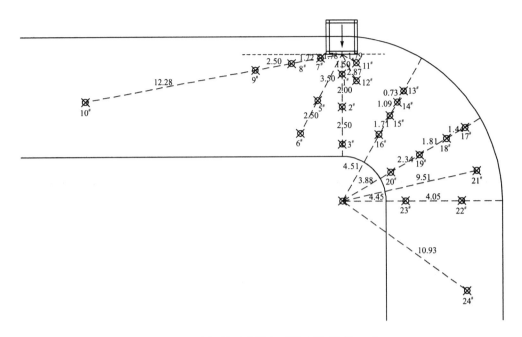

图 3-6　凹岸滑坡涌浪测点平面布置(单位: m)

3.4　实验方案的确定

3.4.1　三峡水库 145m 运行

当三峡水库 145m 运行时,对应的模型水深为 74cm,分别按照滑动面倾角 20°、滑动面倾角 40°和滑动面倾角 60°进行实验。

1. 滑动面倾角 20°

模型水深 74cm,滑动面倾角 20°,实验布置如图 3-7 所示。按照滑坡体尺寸共有 9 组实验,如表 3-20 所示。

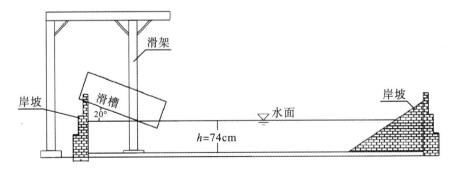

图 3-7　滑坡涌浪实验断面布置图(水深 74cm,倾角 20°)

表 3-20 滑坡涌浪工况表(水深 74cm,倾角 20°)

实验工况	滑动面倾角/(°)	河道水深/cm	长度×宽度×厚度
1 号	20	74	100cm×50cm×20cm
2 号	20	74	100cm×50cm×40cm
3 号	20	74	100cm×50cm×60cm
4 号	20	74	100cm×100cm×20cm
5 号	20	74	100cm×100cm×40cm
6 号	20	74	100cm×100cm×60cm
7 号	20	74	100cm×150cm×20cm
8 号	20	74	100cm×150cm×40cm
9 号	20	74	100cm×150cm×60cm

2. 滑动面倾角 40°

模型水深 74cm,滑动面倾角 40°,实验布置如图 3-8 所示。按照滑坡体尺寸共有 9 组实验,如表 3-21 所示。

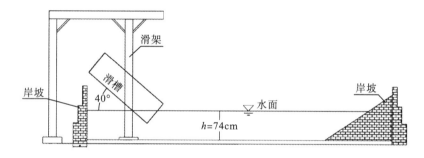

图 3-8 滑坡涌浪实验断面布置图(水深 74cm,倾角 40°)

表 3-21 滑坡涌浪工况表(水深 74cm,倾角 40°)

实验工况	滑动面倾角/(°)	河道水深/cm	长度×宽度×厚度
28 号	40	74	100cm×50cm×20cm
29 号	40	74	100cm×50cm×40cm
30 号	40	74	100cm×50cm×60cm
31 号	40	74	100cm×100cm×20cm
32 号	40	74	100cm×100cm×40cm
33 号	40	74	100cm×100cm×60cm
34 号	40	74	100cm×150cm×20cm
35 号	40	74	100cm×150cm×40cm
36 号	40	74	100cm×150cm×60cm

3. 滑动面倾角 60°

模型水深 74cm，滑动面倾角 60°，实验布置如图 3-9 所示。按照滑坡体尺寸共有 9 组实验，如表 3-22 所示。

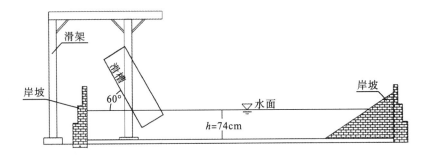

图 3-9   滑坡涌浪实验断面布置图（水深 74cm，倾角 60°）

表 3-22   滑坡涌浪工况表（水深 74cm，倾角 60°）

实验工况	滑动面倾角/(°)	河道水深/cm	长度×宽度×厚度
55 号	60	74	100cm×50cm×20cm
56 号	60	74	100cm×50cm×40cm
57 号	60	74	100cm×50cm×60cm
58 号	60	74	100cm×100cm×20cm
59 号	60	74	100cm×100cm×40cm
60 号	60	74	100cm×100cm×60cm
61 号	60	74	100cm×150cm×20cm
62 号	60	74	100cm×150cm×40cm
63 号	60	74	100cm×150cm×60cm

3.4.2   三峡水库 155m 运行

当三峡水库 155m 运行时，对应的模型水深为 88cm，分别按照滑动面倾角 20°、滑动面倾角 40°和滑动面倾角 60°进行实验。

1. 滑动面倾角 20°

模型水深 88cm，滑动面倾角 20°，实验布置如图 3-10 所示。按照滑坡体尺寸共有 9 组实验，如表 3-23 所示。

表 3-23   滑坡涌浪工况表（水深 88cm，倾角 20°）

实验工况	滑动面倾角/(°)	河道水深/cm	长度×宽度×厚度
10 号	20	88	100cm×50cm×20cm
11 号	20	88	100cm×50cm×40cm

续表

实验工况	滑动面倾角/(°)	河道水深/cm	长度×宽度×厚度
12 号	20	88	100cm×50cm×60cm
13 号	20	88	100cm×100cm×20cm
14 号	20	88	100cm×100cm×40cm
15 号	20	88	100cm×100cm×60cm
16 号	20	88	100cm×150cm×20cm
17 号	20	88	100cm×150cm×40cm
18 号	20	88	100cm×150cm×60cm

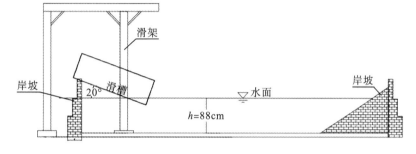

图 3-10　滑坡涌浪实验断面布置图（水深 88cm，倾角 20°）

2. 滑动面倾角 40°

模型水深 88cm，滑动面倾角 40°，实验布置如图 3-11 所示。按照滑坡体尺寸共有 9 组实验，如表 3-24 所示。

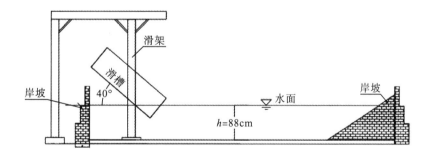

图 3-11　滑坡涌浪实验断面布置图（水深 88cm，倾角 40°）

表 3-24　滑坡涌浪工况表（水深 88cm，倾角 40°）

实验工况	滑动面倾角/(°)	河道水深/cm	长度×宽度×厚度
37 号	40	88	100cm×50cm×20cm
38 号	40	88	100cm×50cm×40cm
39 号	40	88	100cm×50cm×60cm
40 号	40	88	100cm×100cm×20cm
41 号	40	88	100cm×100cm×40cm

实验工况	滑动面倾角/(°)	河道水深/cm	长度×宽度×厚度
42 号	40	88	100cm×100cm×60cm
43 号	40	88	100cm×150cm×20cm
44 号	40	88	100cm×150cm×40cm
45 号	40	88	100cm×150cm×60cm

3. 滑动面倾角 60°

模型水深 88cm，滑动面倾角 60°，实验布置如图 3-12 所示。按照滑坡体尺寸共有 9 组实验，如表 3-25 所示。

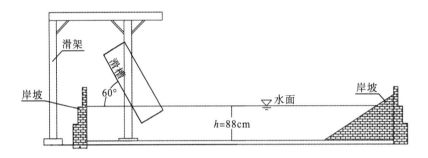

图 3-12　滑坡涌浪实验断面布置图（水深 88cm，倾角 60°）

表 3-25　滑坡涌浪工况表（水深 88cm，倾角 60°）

实验工况	滑动面倾角/(°)	河道水深/cm	长度×宽度×厚度
64 号	60	88	100cm×50cm×20cm
65 号	60	88	100cm×50cm×40cm
66 号	60	88	100cm×50cm×60cm
67 号	60	88	100cm×100cm×20cm
68 号	60	88	100cm×100cm×40cm
69 号	60	88	100cm×100cm×60cm
70 号	60	88	100cm×150cm×20cm
71 号	60	88	100cm×150cm×40cm
72 号	60	88	100cm×150cm×60cm

3.4.3　三峡水库 175m 运行

当三峡水库 175m 运行时，对应的模型水深为 116cm，分别按照滑动面倾角 20°、滑动面倾角 40°和滑动面倾角 60°进行实验。

1. 滑动面倾角 20°

模型水深 116cm，滑动面倾角 20°，实验布置如图 3-13 所示。按照滑坡体尺寸共有 9 组实验，如表 3-26 所示。

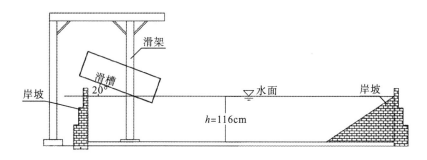

图 3-13　滑坡涌浪实验断面布置图（水深 116cm，倾角 20°）

表 3-26　滑坡涌浪工况表（水深 116cm，倾角 20°）

实验工况	滑动面倾角/(°)	河道水深/cm	长度×宽度×厚度
19 号	20	116	100cm×50cm×20cm
20 号	20	116	100cm×50cm×40cm
21 号	20	116	100cm×50cm×60cm
22 号	20	116	100cm×100cm×20cm
23 号	20	116	100cm×100cm×40cm
24 号	20	116	100cm×100cm×60cm
25 号	20	116	100cm×150cm×20cm
26 号	20	116	100cm×150cm×40cm
27 号	20	116	100cm×150cm×60cm

2. 滑动面倾角 40°

模型水深 116cm，滑动面倾角 40°，实验布置如图 3-14 所示。按照滑坡体尺寸共有 9 组实验，如表 3-27 所示。

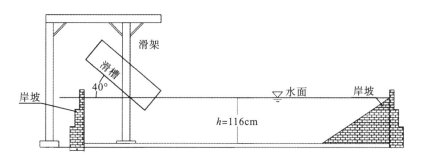

图 3-14　滑坡涌浪实验断面布置图（水深 116cm，倾角 40°）

表 3-27　滑坡涌浪工况表（水深 116cm，倾角 40°）

实验工况	滑动面倾角/(°)	河道水深/cm	长度×宽度×厚度
46 号	40	116	100cm×50cm×20cm

实验工况	滑动面倾角/(°)	河道水深/cm	长度×宽度×厚度
47 号	40	116	100cm×50cm×40cm
48 号	40	116	100cm×50cm×60cm
49 号	40	116	100cm×100cm×20cm
50 号	40	116	100cm×100cm×40cm
51 号	40	116	100cm×100cm×60cm
52 号	40	116	100cm×150cm×20cm
53 号	40	116	100cm×150cm×40cm
54 号	40	116	100cm×150cm×60cm

3. 滑动面倾角 60°

模型水深 116cm，滑动面倾角 60°，实验布置如图 3-15 所示。按照滑坡体尺寸共有 9 组实验，如表 3-28 所示。

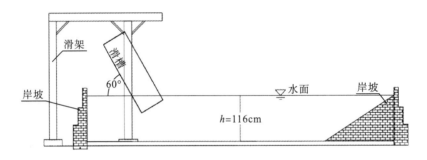

图 3-15　滑坡涌浪实验断面布置图（水深 116cm，倾角 60°）

表 3-28　滑坡涌浪工况表（水深 116cm，倾角 60°）

实验工况	滑动面倾角/(°)	河道水深/cm	长度×宽度×厚度
73 号	60	116	100cm×50cm×20cm
74 号	60	116	100cm×50cm×40cm
75 号	60	116	100cm×50cm×60cm
76 号	60	116	100cm×100cm×20cm
77 号	60	116	100cm×100cm×40cm
78 号	60	116	100cm×100cm×60cm
79 号	60	116	100cm×150cm×20cm
80 号	60	116	100cm×150cm×40cm
81 号	60	116	100cm×150cm×60cm

第4章 岩质滑坡体水上运动特性及动量传递过程

山体斜坡上某一部分岩土体在重力作用下从初始静止位置开始滑动直到在水底沉积停止的整个运动过程中,滑坡体形状及动力学特性在不断变化。滑坡体入水时的参数与涌浪产生机理息息相关,因此在研究涌浪产生及离岸波传播之前应对滑坡体的水上运动特性进行研究。本章主要研究岩质滑坡体的水上运动特性(包括滑动过程中的变形、滑动冲击速度)以及在冲击水体过程中的动量传递和沉积后的淹没率。文中所有实验滑坡体的体积为 $0.1\sim0.9m^3$,对应的滑坡体质量为 $205\sim1845kg$。岩质滑坡模型的运动特性由以下几个阶段组成。

第一阶段:闸门开启后,在极短时间内滑坡体作为一个整体在滑槽中运动。

第二阶段:在重力作用下,滑坡体沿斜坡加速下滑,并在下滑过程中逐渐破碎、离散。

第三阶段:滑坡体在滑动过程中逐渐达到运动平衡,并保持此状态直到滑坡体前缘开始冲击水面。

第四阶段:滑坡体入水后开始横向扩散,并最终在水下沉积停止。

在每次实验过程中,通过以下方法对岩质滑坡体水上运动的不同阶段进行测量,以得到滑坡体入水时的参数:

①参照滑槽上的标尺调整滑坡体在滑槽中的位置,保证每次实验滑坡体前缘距水面的距离相等;

②滑坡体在运动过程中,其长度、厚度及前缘速度的变化通过高速摄像机来测量;

③从高速摄像机所拍摄的视频中提取图像序列来测量瞬时滑坡体形状,并通过相机标定板对图像进行校正,最后用图形用户界面(GUI)绘出滑坡体运动轮廓;

④通过从滑坡体正上方的高架摄像机及侧向摄像机中提取的视频图像来测量滑坡体前缘速度。

4.1 滑动冲击速度

滑坡体运动是触发涌浪产生的最关键因素,因此滑动冲击速度是研究涌浪形成时应首要考虑的问题。当闸门开启后,滑坡体在重力作用下沿滑动面开始加速下滑、崩塌,直至与水面碰撞。理想情况下,无论是滑坡体运动过程中的动量和能量方程计算,还是近场涌浪特性分析中所涉及的滑动冲击速度 v_s,均应采用滑坡体的质心速度。但岩质滑坡体在下滑过程中由于离散破碎导致其形状不断变化,所以实验中很难确定滑坡体质心在三维空间中的位置。此外,破碎后的滑坡体内部由于膨胀和速度梯度所引起的密度变化违背了滑坡体连续性假设[84]，对于滑动面距水面较短的散体滑坡体来说，滑坡体前缘很可能在滑坡体后缘还未启动时就会撞击到水面，这些都给质心速度的测量带来巨大的困难。Körner[85]曾提出一种利用时间增量步上的质心位置和质心速度 v_{sc} 来描述散体岩石滑坡运动的方法，并根据伯努利方程和牛顿第二定律推导出滑坡体滑动过程中每一时间增量步上质心速度的表达式：

$$\begin{cases} v_{sc-1} = \sqrt{v_b^2 + 2g\Delta z_{sc-1}\left(1 - \tan\delta\cot\alpha_{sc-1}\right)} \\ \qquad\qquad\cdots\cdots\cdots \\ v_{sc0} = \sqrt{v_{sc-1}^2 + 2g\Delta z_{sc0}\left(1 - \tan\delta\cot\alpha_{sc0}\right)} \end{cases} \tag{4-1}$$

式中，v_b 为滑坡体释放速度，如果滑坡体由静止开始运动，则 $v_b = 0$；δ 为滑动摩擦角；α_{sc} 为滑坡体质心路径与水平面的夹角；Δz_{sc} 为质心下降高度。参数定义如图 4-1 所示。式(4-1)综合考虑了散粒体间相互碰撞的能耗，但忽略了空气和水对散粒体的阻力，计算所得的质心速度会偏大。因此，这里采用滑坡体前缘速度代替其质心速度，并通过高速摄像机拍摄的图像序列对滑坡体前缘速度进行测量，分析岩质滑坡体从初始静止位置到与水面碰撞的整个速度演变过程。后文中所有提到的滑坡冲击速度 v_s 均指的是滑坡体前缘速度。

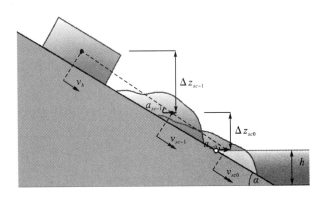

图 4-1   时间增量步上滑坡体质心速度的参数定义

　　图 4-2 为实验中测量的岩质滑坡体从静止到与水面碰撞过程中滑坡体前缘速度的变化曲线图。如图所示，滑坡体开始运动时由于尚未离散，在重力作用下保持整体加速下滑。随着滑动距离的增加，滑坡体逐渐破碎并向两侧扩散，受滑槽两侧翼板限制，滑坡体与翼板之间出现相互挤压并产生摩擦，因此在滑动后半段滑坡体加速度略有减小。与块体滑坡的滑坡体水下运动情况不同，散体滑坡由于其滑坡体内部存在孔隙，入水后滑坡体不仅周围夹杂大量空气，而且其内部孔隙中也掺混了大量气体。由于三维模型缺少横向约束，导致滑坡体入水后不断向两侧扩散，致使滑坡体周围被大量气泡笼罩，给水下测量带来相当大的困难，图 4-3 为实验中某一组工况下岩质滑坡体水下运动过程时间序列图。此外，由于散体滑坡的滑坡体在水下运动停止并非是一个瞬时过程，而是在滑坡体前缘触底停止后，后面部分滑坡体继续向前滑动并不断向四周扩散，因此散体滑坡无法像块体滑坡那样可以明确滑坡体停止运动的时间。

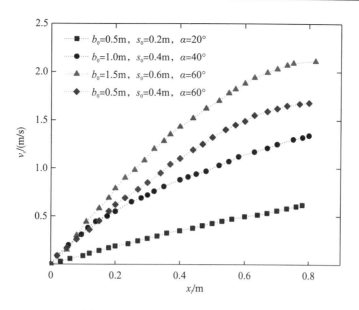

图 4-2　岩质滑坡体前缘速度变化曲线

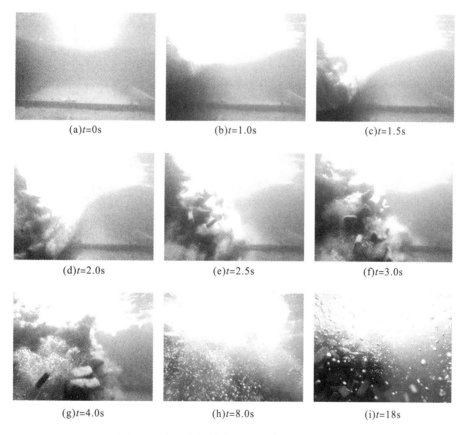

图 4-3　岩质滑坡体水下运动过程时间序列图

4.2 岩质滑坡体滑动变形

岩质滑坡体在滑动过程中的变形是通过摄像机所拍摄的图像序列经过校正后测量得到的。在图像测量过程中，为确定空间物体表面某点的三维几何位置与其在图像中对应点之间的相互关系，必须建立相机成像的几何模型，这些几何模型参数就是相机参数。由于加工及装配等方面的影响，相机的镜头通常是非理想的，每个镜头的畸变程度各不相同，通过相机标定可以校正这种镜头畸变，因此相机标定主要是标定相机的内外参数及畸变系数。本书采用针孔成像模型对摄像机拍摄的图像序列进行校正，实验中通过 MATLAB 软件自带的相机校准工具箱(camera calibrator toolbox)以及相机标定板对相机进行标定，在标定相机后获得内外参数及畸变系数，从而可以建立世界坐标系和摄像机坐标系以及图像坐标系间的映射关系。由于图像坐标存在畸变，所以会得到畸变的图像，通过求取畸变系数得到理想图像与畸变图像之间的坐标关系，再通过反变换以及灰度插值即可实现畸变图像的校正。

滑坡体在下滑过程中沿固定的滑动面滑动，而滑动面则是滑坡体与不动体(母体)之间所形成的界面。实验中滑槽宽度是固定的，可视作不动体，将滑槽底板视作滑动面，只有当滑坡体滑动到剪出口处(即临水面)时滑坡体宽度才开始发生变化。因此本节研究的滑坡体水上变形是通过滑坡体厚度 s 和长度 l 来描述的，并将滑坡体厚度和长度的变化看成是时间和空间的函数。

4.2.1 滑坡体厚度演变

在滑坡体下滑过程中，对某一时刻滑坡体厚度的测量采用非均匀交错网格测量法，即将校正后的图像沿着滑坡体宽度和长度方向分别布置交错网格，并在局部地形变化较大的区域对网格进行加密，然后通过对网格节点进行坐标系转换，得到节点的三维几何位置，最后采用图形用户界面重新描绘出滑坡体的三维空间几何形状。定义初始滑坡体的长度、宽度、厚度三个方向为三维几何空间的三个坐标轴方向，并将初始滑坡体后缘右下角点作为坐标原点，从坐标原点沿滑动面的滑动方向作为 x_l 轴，向左沿滑坡体宽度方向作为 x_b 轴，垂直滑动面向上沿滑坡体厚度方向作为 x_s 轴。为了避免由于单个突出的块体对局部地形造成的偏差，这里采用局部平均厚度来消除突出块体对滑坡体厚度的影响。

图 4-4 和图 4-5 分别为两种不同宽度和厚度的岩质滑坡体的滑动演变过程，通过对比可以发现，两种不同形状滑坡体的滑动演变过程既有相似之处也有不同之处。相似之处在于，岩质滑坡体在滑动时总是滑坡体前缘厚度先开始减小然后逐渐过渡到滑坡体尾部，并且滑坡体最大厚度随着滑动距离的增加而减小；不同之处在于，对于宽且厚的滑坡体(一般滑坡体宽度大于滑坡体长度，滑坡体厚度大于 1/2 滑坡体长度)来说，滑坡体在下滑破碎的过程中具有更强的向两侧扩散的能力，但由于滑槽(即滑坡周界)的限制使得滑坡体在实际滑动中无法向两侧自由扩散，滑坡体两侧与滑槽翼板相互挤压，增加了侧向表面摩擦，

从而导致滑坡体两侧块体的滑动速度小于中间部分的滑动速度,即滑坡体沿宽度方向的滑动速度不同。岩质滑坡体在宽度方向上的速度变化使滑坡体在滑向水面的过程中呈"蝶翅形",并且滑坡体中间部分的厚度略大于两侧边缘部分的厚度,如图 4-4 所示。另外,岩质滑坡体在下滑过程中会沿着裂隙切割面破碎成大小不等的散块体,由于滑坡体底部块体与滑动面之间的摩擦作用使得滑坡体底层块体的滑动速度小于上层块体的滑动速度,因此岩质滑坡体在下滑时会沿着厚度方向从上往下逐层以"蝶翅形"向水面运动[图 4-4(a)~(d)],滑坡体厚度越大,在滑动时这种逐层运动效果越明显。相对于宽度较大的滑坡体,当滑坡体宽度减小时,滑坡体向两侧扩散的能力也降低,与翼板的摩擦作用减弱,因此在下滑过程中将不会出现"蝶翅形"的运动效果,但滑坡体依然会逐层运动,形成滑动波形,运动过程如图 4-5(a)~(d)所示。

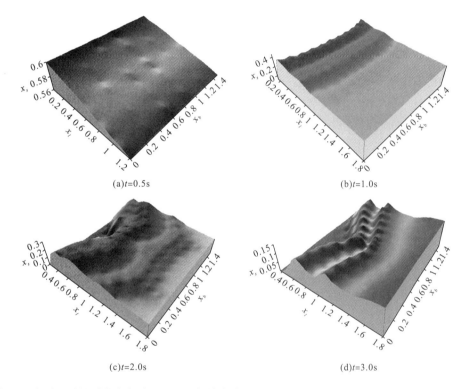

(a)t=0.5s　　　　　　　　　　(b)t=1.0s

(c)t=2.0s　　　　　　　　　　(d)t=3.0s

图 4-4　岩质滑坡体厚度演变过程之一:初始宽度 1.5m,初始厚度 0.6m,倾角 40°,质量 1845kg

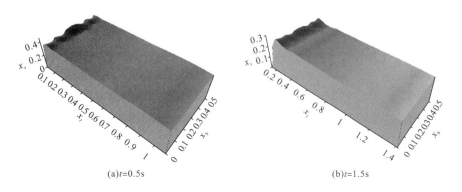

(a)t=0.5s　　　　　　　　　　(b)t=1.5s

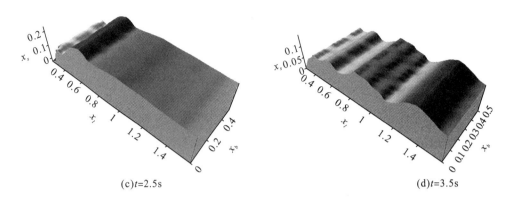

(c)t=2.5s   (d)t=3.5s

图 4-5　岩质滑坡体厚度演变过程之二：初始宽度 0.5m，初始厚度 0.4m，倾角 20°，质量 410kg

　　图 4-6 和图 4-7 分别为上述两种滑坡体在 x_b 轴不同位置处，沿 x_l 轴的纵切面上的滑坡体厚度随时间的变化情况。对于宽且厚的滑坡体来说，在下滑过程中滑槽两侧翼板对其施加向内侧挤压的作用，导致滑坡块体向中间收缩，因此在同一横切面上滑坡体中间部分的厚度略大于其两侧的厚度(图 4-6)。而对于宽度相对较窄的滑坡体而言，由于与翼板间的相互作用较小，因此滑坡体在下滑过程中沿着同一横切面上的厚度基本相等(图 4-7)。另外，从某一时刻的滑坡体纵切面形状来看，岩质滑坡体在向水面滑动的过程中是以某种波动形式向前运动，这与图 4-4 和图 4-5 所描绘的岩质滑坡体滑动演变过程一致。图 4-8 为不同初始条件的岩质滑坡体在向水面滑动过程中其最大厚度的变化曲线，如图所示，在滑动初期滑坡体最大厚度衰减较快，但随着滑动距离的增大，到中后期滑坡体逐渐达到一种"滑动稳定"状态，其最大厚度的衰减速度也逐渐减小并趋于稳定，直至滑坡体撞击水面。

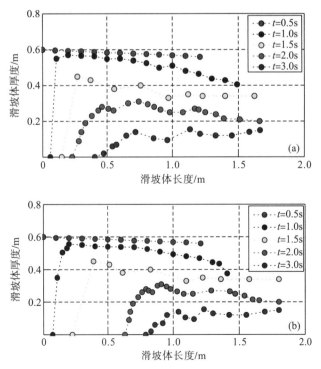

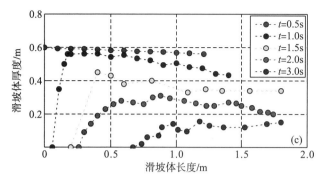

图 4-6　滑坡体厚度随时间变化之一：(a) x_b=0m；(b) x_b=0.75m；(c) x_b=0.9m

文后附彩图

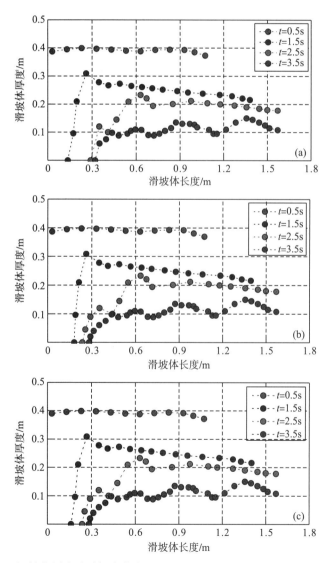

图 4-7　滑坡体厚度随时间变化之二：(a) x_b=0m；(b) x_b=0.25m；(c) x_b=0.4m

文后附彩图

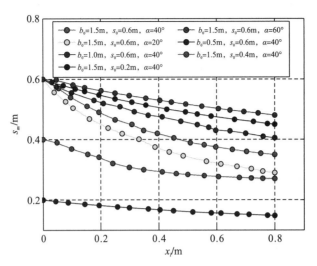

图 4-8　滑坡体最大厚度随滑动距离的变化
文后附彩图

岩质滑坡体在滑向水面的过程中其最大厚度 s_m 呈指数趋势衰减。为了增强公式的适用性，用以下无量纲滑坡参数来描述滑坡体厚度衰减的指数趋势：

$$S_m = \frac{s_m}{s_0}, \quad L_m = \frac{l_m}{l_0}, \quad X_l = \frac{x_l}{s_0}, \quad F_s = \frac{v_s}{\sqrt{gs_0}}, \quad C_F = \frac{b_0 s_0^2}{l_0^3} \qquad (4-2)$$

式中，S_m 为无量纲滑坡体最大厚度；L_m 为无量纲滑坡体最大长度；X_l 为无量纲滑坡体滑动距离；F_s 为无量纲滑坡体前缘速度；s_0 为初始滑坡体厚度；b_0 为初始滑坡体宽度；l_0 为初始滑坡体长度；C_F 为滑坡体形状系数。通过前面的分析可知滑坡体形状影响滑坡体向两侧扩散的能力，进而影响滑坡体最大厚度的变化。值得注意的是，以上无量纲滑坡参数是根据初始滑坡体特征进行无量纲化的，与应用在涌浪产生时的无量纲参数不同。岩质滑坡体入水前其最大厚度随滑动距离变化的函数可表示为

$$S_m = 1 + A_1 \exp(-X_l / \mu) + A_2 \qquad (4-3)$$

式中，A_1 为扩散项，决定滑坡体厚度的侧向扩散能力；A_2 为一个非线性函数，决定无量纲滑坡体最大厚度的衰减极限；μ 为衰减项，决定无量纲滑坡体最大厚度的衰减速度，μ 值越接近 0，衰减越快。根据实验结果，分别得到 A_1、A_2 和 μ 的函数表达式：

$$A_1 = 0.23 C_F^{0.15} F_s^{-1.2} (\cos\alpha)^{0.5} \qquad (4-4)$$

$$A_2 = -0.17 C_F^{0.1} F_s^{-1.6} L_m^{0.09} (\cos\alpha)^{0.8} \qquad (4-5)$$

$$\mu = 2.55 C_F^{-0.2} F_s^{1.8} L_m^{-1.2} \qquad (4-6)$$

将 A_1、A_2 和 μ 的函数表达式代入式(4-3)中，并将计算结果与实测值进行比较，相关系数 $R^2=0.98$。图 4-9 为无量纲滑坡体最大厚度的实测值与预测值的比较结果，可以看出式(4-3)的相关性较好。

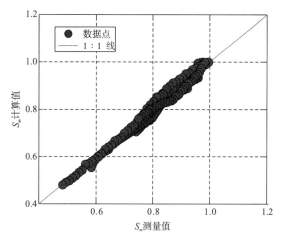

图 4-9　无量纲滑坡体最大厚度测量值与计算值对比

4.2.2　滑坡体长度演变

当闸门开启后，滑坡体在重力作用下沿滑动面下滑，在下滑过程中由于底部摩擦阻力作用导致破碎后的岩质滑坡体上层块体的滑动速度快于底层块体的滑动速度，使得滑坡体前缘不断向前倾斜，滑坡体厚度也从前缘处开始向后逐渐减小，导致滑坡体被拉长，整个过程如图 4-10 中滑坡体从阶段 I 到阶段 II 的变化。随着滑坡体继续下滑，当前缘倾斜角度达到稳定极限值后滑坡体前缘开始坍塌，与此同时，滑坡体后方上层块体还在不断向前运动，与底层块体间再次形成速度差，导致滑坡体厚度继续减小，而长度进一步增大，整个过程如图 4-10 中滑坡体从阶段 II 到阶段III的变化。当滑坡体前缘与底板间的摩擦角度与钢底板的基本摩擦角相同时，滑坡体逐渐达到一种"滑动稳定"状态，此时滑坡体长度将不再增加。

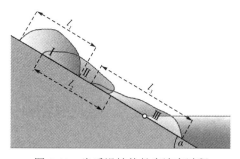

图 4-10　岩质滑坡体长度演变过程

图 4-11 为不同初始条件下岩质滑坡体向水面滑动过程中其最大长度的变化曲线，在经过初始阶段短暂的缓慢变化后，滑坡体长度突然迅速增大。这是因为虽然岩质滑坡体在开始滑动前其内部裂隙就已经发育完整，但当岩体开始沿剪切面滑动时由于其内部结构体之间的约束力使得岩质滑坡体在滑动初期短暂地保持整体滑动。随着滑坡体上部与下部之间的速度差逐渐增大以及滑坡体与翼板间相互挤压引起的侧向摩擦作用逐渐打破了这种

平衡，滑坡体开始大面积坍塌，导致其长度迅速增加。当下滑到一定距离后，滑坡体逐渐达到"滑动稳定"状态，滑坡体长度也趋于稳定。

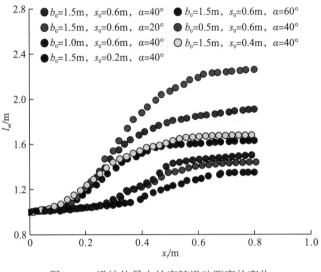

图 4-11   滑坡体最大长度随滑动距离的变化
文后附彩图

4.3   散体滑坡向水波的动量传递

滑坡体沿山体斜坡加速下滑的过程中携带了巨大的平移动量，当滑坡体动量传递到斜坡底部时会对底部空间环境及结构造成灾难性破坏。例如，公路山体滑坡最终会将其动量转移到与山脚地带的撞击与摩擦上，导致路基结构受到破坏或者阻断交通；而发生在水库或沿海地区的山体滑坡，滑坡体在冲击水体的过程中其动量会向水体传递并引发涌浪。虽然滑坡体入水是一个连续的过程，但滑坡体与水体之间的动量交换几乎是在瞬间完成的，因为主波产生时间只占滑坡体持续冲击水体总时间的一小部分[57]，因此在滑坡体冲击水体的过程中只有部分滑坡体有助于涌浪的产生。

在涌浪产生过程中，滑坡体与水体之间的能量传递是十分复杂的，尽管近年来已有相关研究显示滑坡体大部分能量在撞击水面时几乎是瞬间转移到水体中，例如 Heller 等[86]通过实验研究发现此过程的发生时间在 0.5s 以内，但在滑坡体势能和动能转换为涌浪波能的比例上依然有相当大的不确定性[87]。首先，是因为在滑坡体下滑过程中由于摩擦造成的能量损失的不确定性，导致滑坡体在撞击水面时从势能到动能的转换会有所不同；其次，在滑坡体动能向涌浪波能(波动能+波势能)转换的过程中，波动能是由水质点运动产生的，波动能大小的确定需要通过对波动水柱中的水粒子运动进行测量来实现，但现实中这是非常困难的。因此，目前对涌浪波能的估算只能采用能量均分假设[2]，即假设波动能与波势能相等，但这种假设只有在线性波中才成立，随着波的非线性程度增高，波动能逐渐大于波势能。在浅水区域(如水库、河道等)，滑坡体入水沉积后导致局部地形瞬间发生剧烈变化，引起水体强烈扰动，产生的涌浪具有很强的非线性特征，尤其是在近场区域附近。综上所述，用"能量法"研究滑坡涌浪的近场特性尚存在一定困难。

此外，由于滑坡体入水时间较短，涌浪产生后迅速从生成区传向远场，因此很难得到近场区域准确的涌浪原型观测数据。目前，对滑坡涌浪近场波幅的预测主要是通过模型实验，再利用量纲分析与多元回归分析相结合的方法将实验数据拟合并得到经验公式后进行计算，但缺少一定的理论基础，而且由于实验条件及目的不同，各经验公式的计算结果往往具有很大差异。近年来，已有学者开始利用动量方法来分析此类问题，希望可以揭示涌浪的一些基本属性(如不变性、行波解等)。例如，Zitti 等[88]将雪崩入水后视为一种悬浮粒子，从而建立理论模型来描述雪崩进入二维水体时粒子与流体间的动量传递，然后将模型中的自变量与因变量重新构造成无量纲形式后对其进行尺度分析，得到了近场波幅的理论近似解；Mulligan 和 Take[89]将滑坡体冲击水体时的动量通量作为二维散粒体滑坡诱发涌浪的主要驱动力，建立了涌浪近场最大波幅的理论关系式。与二维模型相比，三维模型由于其滑坡体缺少横向约束，入水后会在水面形成一个冲击坑并产生更大范围的径向波阵面，近场波幅也更接近真实情况。因此，本节将对三维滑坡涌浪近场波的基本属性进行详细论述。

4.3.1　理论推导

1. 滑坡体动量率

散体滑坡的滑坡体沿坡度为 α 的山体斜坡滑入水中的二维平面过程如图 4-12 所示，其中 v_s 为滑坡体入水时沿斜坡方向的速度，h 为静水水深，s 为滑坡体冲击水面时的厚度。由于动量守恒定律方程是一个矢量方程，则滑坡体在入水过程中其水平方向的动量随时间 t 的变化(动量率)可表示为

$$\frac{\partial m_s v_s \cos\alpha}{\partial t} = \frac{\rho_s V_s v_s \cos\alpha}{\Delta t_e} \tag{4-7}$$

式中，m_s 为滑坡体质量；ρ_s 为滑坡体密度；V_s 为入水滑坡体体积增量；$v_s \cos\alpha$ 为滑坡体沿斜坡方向速度的水平分量；Δt_e 为从滑坡体冲击水面开始到初始波幅产生过程中滑坡体在水下运动的有效时间(即滑坡体动量传递到水体的时间尺度)。考虑到三维模型受滑坡体入水宽度 b 和入水厚度 s 的影响(图 4-13)，在有效时间 Δt_e 内滑坡体沿水平方向传递的动量率为

$$J_s = \rho_s s b v_s^2 \cos\alpha \tag{4-8}$$

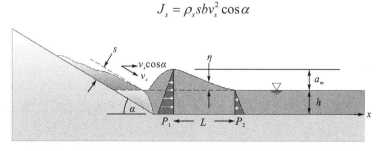

图 4-12　滑坡体垂直排开水面至最大波幅形成水平静水压力梯度

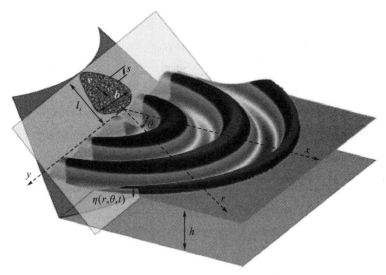

图 4-13　三维滑坡涌浪径向传播示意图

2. 静水条件下滑坡体到水体的动量平衡

首先，分析静水条件下受滑坡体冲击的自由表面流体的形态变化。在流体力学中，对动量方程的另一种理解为：动量率=动量/时间=(质量×速度)/时间=质量×加速度=力，即从动量传递和动量平衡的角度，力的平衡也可被看成是动量(动量率)的平衡。因此，在静水条件下滑坡体向水体的动量传递可视为在一个极短的时间尺度 Δt_e 内由于水体垂向位移引起的沿 x 轴方向(与滑坡体水平运动方向一致)的水平压力梯度 $\partial P/\partial x$，其中 P 为沿水深剖面竖直线上的静水压力总和(图 4-12 中深灰色三角形区域)。此过程发生在滑坡体高速冲击水面的瞬间，当滑坡体入水后水体受到扰动，近场区域水面上升梯度以波的形式从波源开始向外传播，即初始静水压力梯度源于水面高程的变化。McFall[13]通过对三维散体滑坡体入水所产生的近场涌浪图像序列进行研究后发现，初始涌浪波面呈半椭圆形离岸扩散。为了能够计算出三维水体位移所引起的静水总压力，这里提出以下两种假设：①近场最大波幅阵面所围成的半椭圆形区域的两轴长度分别为 b 和 s；②初始涌浪在各径向传播方向 θ 上的波形 η 相同。经过研究发现[13]，在三维涌浪近场最大波幅阵面上，滑坡体滑动主方向(图 4-13 中 x 轴方向)上的 a_m 值最大，越往两侧 a_m 值逐渐减小。从本书实验测量结果看，当 $\theta\in[-5\pi/6,5\pi/6]$ 时，最大波幅阵面上 a_m 值的衰减不超过 15%。虽然超出此范围后越靠近两侧水岸 a_m 值会减小很多，但考虑到现实情况中最大波幅阵面的两轴长度大于假设①中的 b 和 s(具体情况尚不明确，但一般不会超过 1.35b 和 1.5s)，因此假设②不仅使三维波面上静水总压力的计算得到简化，还在一定程度上减小了假设①所造成的能量集中影响。综合以上考虑，由于各径向传播方向上静水压力梯度沿 y 轴方向分量的总和为 0，因此三维初始波面上总静水压力梯度即为在 $\theta\in[-\pi/2,\pi/2]$ 区间内各径向传播方向上最大正向波幅 a_m 与距最大波幅 L 处未受冲击影响区域间的静水压力梯度沿 x 轴方向分量的总和：

$$\frac{\partial P}{\partial x} = \frac{1}{L}\int_D \cos\theta(P_1 - P_2)\mathrm{d}s$$
$$= \frac{1}{L}\int_D \cos\theta\left[\frac{1}{2}\rho g(h+a_m)^2 - \frac{1}{2}\rho g h^2\right]\mathrm{d}s \tag{4-9}$$

式中，D 为径向初始波峰在平面上的投影。利用对弧长的曲线积分算法，式(4-9)可变为

$$\frac{\partial P}{\partial x} = \frac{1}{L}\left(\frac{1}{2}\rho g(h+a_m)^2 - \frac{1}{2}\rho g h^2\right)\int_{-\pi/2}^{\pi/2}\cos\theta\sqrt{s^2\sin^2\theta + \frac{1}{4}b^2\cos^2\theta}\,\mathrm{d}\theta \tag{4-10}$$

式中，ρ 为水体密度；g 为重力加速度。记 $K = \int_{-\pi/2}^{\pi/2}\cos\theta\sqrt{s^2\sin^2\theta + \frac{1}{4}b^2\cos^2\theta}\,\mathrm{d}\theta$，作为滑坡体形状对初始波阵面总静水压力梯度的影响系数。简化式(4-10)得到静水条件下由滑坡体引起的水体动量变化，即在有效时间 Δt_e 内水体沿滑坡体滑动主方向上的静力变化：

$$J_{ws} = \frac{\rho g K\left(ha_m + \frac{1}{2}a_m^2\right)}{L} \tag{4-11}$$

因此，在理想化的静水条件下，基于动量平衡的滑坡体向水体的动量传递过程即为

$$J_s = J_{ws} \tag{4-12}$$

将式(4-8)、式(4-11)代入式(4-12)，整理后得到：

$$a_m^2 + 2ha_m - \frac{2\rho_s sbv_s^2\cos\alpha L}{\rho g K} = 0 \tag{4-13}$$

式(4-13)是一个关于最大波幅 a_m 的二次方程，求解后取正根得到静水条件下三维近场最大波幅表达式：

$$a_{m1} = \sqrt{h^2 + \frac{2\rho_s sbv_s^2\cos\alpha L}{\rho g K}} - h \tag{4-14}$$

3. 波动条件下滑坡体到水体的动量平衡

静水动量平衡是基于滑坡体速度远大于波速的前提下（波速可视为0），由于两者之间巨大的速度差使得水体在极短时间内被滑坡体垂直向上推动，而这个时间要比涌浪从波源被释放沿径向传向远场的时间短得多。另外，还有一些学者则是通过流体加速度或者波速来考虑动水条件下的动量传递。例如，Xiao 等[90]通过计算数值模型网格节点间的"拖曳"加速度来模拟涌浪产生及运动，拖曳力发生在滑坡体高速冲击水体的过程中；Zweifel 等[21]则认为波的动量变化与滑坡体在有效时间 Δt_e 内动态排开水的体积 V_w 有关。当波速为 c 时，初始涌浪的动量率为

$$J_{wd} = \frac{1}{\Delta t_e}\rho V_w c \tag{4-15}$$

根据初始波面呈半椭圆形扩散的假设，在初始波幅产生的有效时间 Δt_e 内，滑坡体动态排水体积 V_w 的特征值可表示为

$$V_w = a_m c\Delta t_e \frac{T(s + b/2)}{2} \tag{4-16}$$

式中，T 为椭圆系数，可由 r/R 的值查表找出，其中 r 为椭圆短半径，R 为椭圆长半径。将式(4-16)代入式(4-15)，得

$$J_{wd} = \rho a_m c^2 \frac{T(s+b/2)}{2} \qquad (4-17)$$

在波动条件下，基于动量平衡的滑坡体向水体的动量传递过程即为

$$J_s = J_{wd} \qquad (4-18)$$

将式(4-8)、式(4-17)代入式(4-18)，整理得

$$a_{m2} = \frac{2\rho_s s b v_s^2 \cos\alpha}{\rho c^2 T(s+b/2)} \qquad (4-19)$$

将浅水重力波波速公式 $c = \sqrt{gh}$ 代入式(4-19)中，得到波动条件下三维近场最大波幅表达式：

$$a_{m2} = \frac{2\rho_s s b v_s^2 \cos\alpha}{\rho g h T(s+b/2)} \qquad (4-20)$$

与其他非线性波相比，浅水重力波波速更小，因此得到的 a_m 值偏大。以孤立波为例，其波速与浅水重力波波速之比为 $\sqrt{1+\dfrac{a_m}{h}}$。

4. 波浪破碎影响

接下来引入孤立波破碎准则来考虑滑坡体冲击水体时的水面高程变化 η。孤立波破碎准则决定了在水深限制条件下孤立波的最大稳定波高，文献[87]给出了孤立波水面高程与水深的极限关系：

$$\frac{\eta}{h} = 0.78 \qquad (4-21)$$

式(4-19)说明，如果 a_m/h 超过 0.78，则涌浪将会在生成区破碎，在近场区域会立刻出现波幅骤然减小的情况。随着涌浪继续向远场传播，由于摩擦耗散影响，使得已破碎波的波幅进一步衰减[91]。需要说明的是，虽然相关文献已经证明由散体滑坡诱发的涌浪绝大部分为非线性振荡波，且作者实验所测得的波形也证明了这一点，但涌浪初始波峰依然具有许多类似于孤立波的特征，这是因为初始波峰是由滑坡体入水导致水体被置换抬高后产生的一个正向 N 型波引起的[92]，其波速也被证明基本与孤立波波速相当。因此，用孤立波破碎准则来考虑初始水面高程变化是合理的。

4.3.2 模型验证

1. 与作者实验观测结果比较

图 4-14 为静水与波动条件下近场最大波幅 a_m 的理论方程与作者模型实验部分工况测量结果的比较，其中近场区域实验数据的采集主要依靠高速摄像机与声学测波仪对水面轮廓进行数字跟踪测量。从图 4-14 中可以发现实验测量数据均在破碎界限(红色实线，见文

后彩色附图)以下,而所有实验结果显示近场区域相对最大波幅 a_m/h 的范围为 0.0078～0.194,远小于孤立波破碎界限 0.78。为了证明实验结果的一般性,这里还列出了近年来其他三维滑坡涌浪模型实验中近场区域最大波幅的测量结果,详见表 4-1。表 4-1 也进一步证明在三维模型实验中,涌浪近场最大波幅不会在生成区破碎,但这种推论并不适用于二维模型,例如 Miller 等[57]通过模型实验观测到近场区域 a_m/h 的最大值达到 2.5,实验中当波幅上升到最大值后立刻在原位发生破碎,随即降低至最大稳定水面高程附近。造成这种差别的主要原因是二维模型将滑坡体和水体变形限制在一个垂直面上,大大提高了涌浪产生效率;而三维模型由于缺少对滑坡体运动的横向约束,使得滑坡体入水时迅速向两侧扩散,同时水体也会发生横向流动,形成径向波面,大大降低了滑坡体向水体的能量传递效率,近场波幅也比二维模型小很多。

表 4-1　近年来其他三维滑坡涌浪模型实验相对近场最大波幅范围

主要研究者及年份	实验测量结果(a_m/h)
Panizzo 等[47](2005 年)	0.01～0.24
Di Risio 等[48](2009 年)	不超过 0.025
Mohammed 和 Fritz[60](2012 年)	0.001～0.37
Huang 等[62](2014 年)	0.0376～0.10
McFall 和 Fritz[61](2016 年)	0.0005～0.37
Wang 等[51](2016 年)	0.0065～0.28

已经证实三维滑坡涌浪在近场区域的相对最大波幅还远未达到破碎临界值,理论上按照式(4-14)和式(4-20)计算得到的 a_m 值应随着水深的减小而逐渐增加。然而从实验结果中发现,每种工况(不同的滑坡体宽度、厚度、入水速度)均对应着一个临界水深 h_Δ,当实验水深大于临界水深时,测量得到的近场最大波幅 $a_{m'}$ 与静水条件方程的计算结果 a_{m1} 吻合较好,而波动条件方程的计算结果 a_{m2} 一般略大于实验测量值和静水方程计算值,这也与方程使用浅水重力波波速代换有关,因此式(4-20)可以作为近场最大波幅预测值的上限来考虑。当实验水深小于临界水深时,$a_{m'}$ 开始随着水深的减小而迅速下降,这与静水条件方程及波动条件方程的计算结果背道而驰。图 4-14 也反映了近场最大波幅的这一特征,图中灰色实线代表静水方程的计算结果,绿色虚线代表波动方程的计算结果,浅蓝色实心圆代表实验测量值(见文后彩色附图)。实验中,将模型最小水深设为 20cm,是因为考虑到如果水深小于 20cm,则实验结果可能会受到 Heller[93]所提出的比尺效应的影响。

实验发现造成涌浪近场波幅突然减小的原因与滑坡体淹没率有关。滑坡体淹没情况是区分深水与浅水滑坡的决定性因素,也是影响浅水滑坡涌浪特性的重要参数。如前文所述,在冲击水体的过程中只有部分滑坡体有助于涌浪的产生,因此当淹没率超过一定值时,由水深引起的近场最大波幅变化依然遵循理论方程曲线的变化规律,但当淹没率小于某一值时,由于滑坡体未淹没部分对造波不起作用,因此近场最大波幅将开始出现减小的趋势,这也与作者实验结果相吻合。根据以上分析,定义尚未影响近场最大波幅变化趋势的滑坡体最小淹没率为极限淹没率,而与极限淹没率所对应的水深即为前面提到的临界水深 h_Δ。如图 4-14 所示,灰色细实线对应的水深为 a_m 变化规律尚未受到影响时的水深,称为淹没上限水深 h_1;橘色虚线对应的水深为 a_m 已经受到淹没率影响时的水深,称为淹没下限水深 h_2,而临界水深就在 h_1 与 h_2 之间阴影区域内的某一水深处(见文后彩色附图)。图 4-14(a) 中 h_1 与 h_2 处分别对应的滑坡体淹没率为 77% 和 63%,而图 4-14(b) 中两处水深所对应的淹没率则为 93% 和 68%。

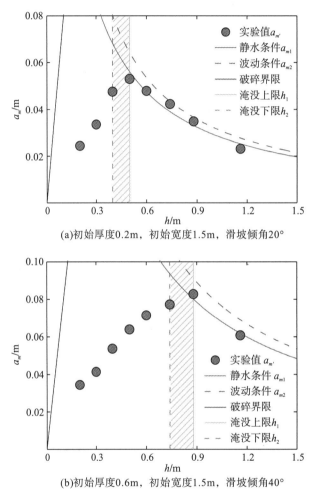

(a)初始厚度0.2m,初始宽度1.5m,滑坡倾角20°

(b)初始厚度0.6m,初始宽度1.5m,滑坡倾角40°

图 4-14　近场最大波幅理论计算方程与作者实验结果比较

文后附彩图

2. 与 Mohammed 和 Fritz 实验观测结果比较

Mohammed 和 Fritz[60]在美国俄勒冈州立大学地震工程模拟中心(NEES)长 48.8m、宽 26.5m 的海啸波浪港池(TWB)中模拟三维散体滑坡涌浪的产生,建立了近场最大波幅与滑坡参数间的经验关系。实验通过一个气动滑坡发射装置(LTG)给模型滑坡体一个初始速度并使其脱离控制箱,之后滑坡体依靠自身重力作用沿着坡度为 α =27.1° 的坡面滑入水中。

实验水深范围 $h=0.3\sim1.2$m，滑坡体入水厚度 $s=0.03\sim0.18$m，滑坡体入水宽度 $b=1.26\sim$ 1.68m，滑坡体前缘速度 $v_s=3.7\sim6.5$m/s。模型滑坡体由天然卵砾石组成，滑坡体密度 ρ_s =1.76 t/m^3，孔隙率 n_{por}=0.31，材料参数包括：粒径范围 $d=6.35\sim19.05$mm，中值粒径 d_{50} =13.7mm，卵砾石密度 ρ_g=2.6t/m^3，有效内摩擦角 φ'=41°，滑动面摩擦角 δ=23°。实验前后共做了 88 组，与本书理论公式进行比较的实验详细数据均来自参考文献[59]。

对于长度尺度 L 来说，并不是在所有模型实验中都能被测量。因此，Mulligan 和 Take 提出一种假设[89]，认为 L 近似等于从滑坡体开始入水到在水下沉积静止的有效时间 Δt_e 内滑坡体在水下的水平移动距离，即

$$L=\frac{1}{2}v_s\cos\alpha\Delta t_e \tag{4-22}$$

式(4-22)将滑坡体在水下的运动过程视为匀减速运动。将式(4-14)与式(4-22)计算所得相对近场最大波幅预测值 a_{mp}/h 与文献[74]的实验测量值 a_{mm}/h 进行比较，如图 4-15 所示，1:1 灰色实线代表预测值与实验值结果完全一致。从图中可以发现，当相对近场最大波幅小于 0.3 时，预测值与实验测量值吻合较好，表明静水动量平衡方程可以为滑坡涌浪近场最大波幅提供较为准确的预测结果；但当相对近场最大波幅大于 0.3 时，实验测量值开始小于预测值(灰色线以下部分)，由于实验测量值还远未达到孤立波破碎界限，出现这样的结果很可能是因为此时滑坡体沉积后的淹没率小于极限淹没率。

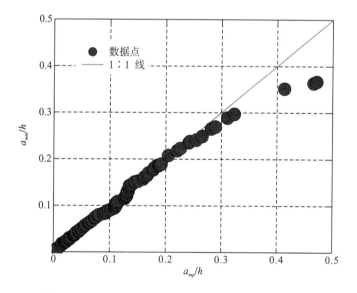

图 4-15　相对近场最大波幅预测值与实验测量值比较

3. 与龚家坊滑坡涌浪事件现场调查结果比较

自 2008 年 9 月三峡水库实施 175m 实验性蓄水以来，库区两岸已发生了大量的滑坡和崩岸事件。例如，2008 年 11 月 23 日 16 时 40 分许，位于重庆市巫山县龙江村长江巫峡北岸的龚家坊斜坡发生大面积滑动并引发巨大涌浪(图 4-16)，滑坡体总体积约为

$38×10^4m^3$。根据现场调查资料,滑坡体由灰岩、白云岩和泥灰岩构成,平均密度 $2500kg/m^3$,
滑坡体水上部分长度约 294m、入水宽度约 194m、入水厚度约 15m,滑坡体滑动区域的平
均地形坡度为 53°,滑坡体入水沉积后完全淹没在水中。滑坡发生时巫峡水位高程为
172.8m,滑坡发生水域水深为 140m。Huang 等[62]通过滑坡现场影像资料估算出滑坡体入
水时的速度为 11.65m/s,初始涌浪形成时间为 3.8s,最大近场波幅为 31.8m。根据式(4-22)
得到 L=13.28m,利用式(4-14)计算出近场最大波幅的预测值为 a_m=33.28m,相对误差
4.65%。

图 4-16   龚家坊滑坡现场实景图[62]

4.3.3   理论方程的局限性

本节提出的理论公式适用于水上散体滑坡诱发的涌浪,但不适用于水下滑坡、流动
悬浮体(如泥石流、碎屑流、雪崩等)以及在平坦斜坡上运动的浊流。由于这些物质滑动
时具有高流动性以及不同的诱发涌浪的成因,因此理论公式中所用到的动量转移基本假
设对此很可能会无效。此外,理论公式是基于滑动坡度在一定范围内的山体斜坡建立的,
滑坡体入水时要以一定角度撞击水体,如果斜坡坡度过陡,例如发生在山区水库中的陡
岩滑坡或者岩崩,滑坡会在水面上形成深而垂直的撞击坑,对于这样的滑坡体来说,理
论方程也是无效的。

由三维滑坡引起的近场最大波幅远小于孤立波破碎界限,也就不存在涌浪在生成区破
碎并减小的情况。但对于浅水滑坡来说,滑坡体淹没率对近场波幅的影响十分巨大,当水
深小于临界水深时,由于淹没率较低,本应承担造波作用的一部分滑坡体失去了原本的能
力,导致近场波幅骤然减小。但淹没率对近场波幅的影响却无法在理论公式中体现出来,
因此,对于浅水滑坡来说,理论方程也是无效的。另外,对于小尺度物理模型来说,当实
验水深 h<20cm 时,受水体表面张力和黏滞力的影响,实验波幅将会减小。所以,以往的
一些小尺度模型实验结果也无法用理论方程来解释。

4.4　浅水滑坡淹没率

4.3 节通过理论推导与模型验证发现滑坡体淹没率是影响近场涌浪特性的重要因素，同时淹没率也是判别深、浅水滑坡的主要依据。当淹没率为 100%时，即滑坡体入水后完全被淹没，称为深水滑坡；反之，称为浅水滑坡。基于淹没率对浅水滑坡涌浪研究的重要性，本节通过实验测量数据，定量分析碎裂岩质滑坡体入水沉积后淹没率与相关无量纲参数间的关系。图 4-17 为"6·24"重庆巫山红岩子滑坡现场实景图与本书相似工况模型滑坡体入水沉积结果比较，从水上滑坡体堆积情况(深色实线区域)及现场测量的滑坡体淹没率来看，模型与原型淹没率非常接近。

(a)巫山红岩子滑坡实景图　　　　　　　　　　　(b)模型实验结果

图 4-17　浅水滑坡引起的水上堆积

当滑坡体淹没率小于极限淹没率时，未淹没的那部分滑坡体开始对初始涌浪的形成产生影响。定义滑坡体淹没率 R' 为淹没体积 V_s 占滑坡体总体积 V_0 的百分比，即

$$R' = \frac{V_s}{V_0} \times 100\% \tag{4-23}$$

将岩质滑坡体滑入浅水水域沉积后引起的局部地形变化(滑坡体堆积形态)记为 $\zeta(x,y)$，如图 4-18 所示，因此关于滑坡体滑入浅水后引起地形变化的函数方程可表示为

$$J\left[\zeta(x,y)\right] = \iint\limits_{D_1+D_2} \sqrt{1+\left(\frac{\partial \zeta}{\partial x}\right)^2+\left(\frac{\partial \zeta}{\partial y}\right)^2}\,\mathrm{d}x\mathrm{d}y \tag{4-24}$$

式中，D_1 为滑坡体堆积在山坡上的积分区域；D_2 为滑坡体堆积在河底的积分区域。而滑坡体淹没率可表示为

$$R' = \frac{V_{\mathrm{II}}}{V_{\mathrm{I}}+V_{\mathrm{II}}} = \frac{V_{\mathrm{II}}}{kV_s} \tag{4-25}$$

式中，V_{I} 为滑坡体未淹没部分堆积体积；V_{II} 为滑坡体淹没部分堆积体积；V_s 为岩质滑坡体滑动前的体积；k 为岩体破碎后的松散系数。因此，只要计算出 V_{II} 的值就可以得到岩质滑坡体的淹没率，而 V_{II} 则是由 $\zeta(x,y) \leqslant 0$ 与 $\zeta=0$、$\zeta=-h$ 及 $x\tan\alpha+\zeta=0$ 四个面所围成。而 $\zeta(x,y)$ 与滑坡体长度 l、宽度 b、厚度 s、入水速度 v_s、山体坡度 α、水深 h、水下滑动

距离 L 等因素有关，目前还无法对函数方程 $J\left[\zeta(x,y)\right]$ 进行求解。为了能够满足对库区滑坡涌浪灾害风险评估及预警需求，这里采用量纲分析与多变量回归分析相结合的方法将实验测量数据拟合得到浅水滑坡淹没率的经验方程。

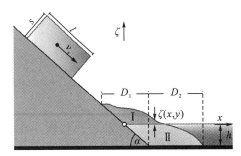

图 4-18　未完全淹没岩质滑坡体入水沉积示意图

通过对浅水滑坡淹没率的敏感性分析可知，滑坡体淹没率与相对滑坡体长度 $L=l/h$、相对滑坡体厚度 $S=s/h$ 呈幂函数递减，与无量纲滑坡体前缘速度 $F_s=v_s/\sqrt{g/s_0}$ 呈幂函数增加，而淹没率与相对滑坡体宽度 $B=b/h$ 呈线性递减。因此浅水滑坡淹没率的表达形式可写成：

$$R'=aF_s^{k_1}\left(m+nB\right)L^{k_2}S^{k_3} \tag{4-26}$$

式中，l、b、s、v_s 分别为滑坡体入水时的长度、宽度、厚度和前缘速度；s_0 为滑坡体初始厚度；g 为重力加速度；a、m、n、k_1、k_2、k_3 为待定系数。通过实验数据拟合得到浅水滑坡淹没率的经验公式：

$$R'=0.783F_s^{1.47}\left(1.06-0.04B\right)L^{-0.75}S^{-1.52} \tag{4-27}$$

式 (4-27) 的相关系数 $R^2=0.89$，当 R' 的计算值大于 1 时，淹没率则视为 100%，即滑坡体完全淹没。表 4-2 为红岩子滑坡及龚家坊滑坡现场调查资料，将相关参数代入浅水滑坡淹没率预测公式，计算得到红岩子滑坡淹没率为 70.9%、龚家坊滑坡淹没率为 100%，基本与现场调查到的实际淹没率相当，因此经验公式可为水库岩质滑坡体入水沉积后的淹没情况提供一定的预判。另外，淹没率的大小也直接影响近场涌浪特性。

表 4-2　红岩子和龚家坊滑坡相关参数

滑坡参数	观测值	
	红岩子滑坡	龚家坊滑坡
滑坡体入水宽度/m	130	194
滑坡体平均厚度/m	10	15
水上部分滑坡体长度/m	130	294
山体平均坡度/(°)	34	54
滑坡附近区域水深/m	25	140
最大滑动速度/(m/s)	9	11.65
滑坡体总体积/m³	230000	380000
实际淹没率	65%~75%	大于 95%

第5章　滑坡涌浪首浪高度及爬高

滑坡涌浪的产生是一个涉及滑坡体、水体和空气间非定常相互作用的瞬态多相流动过程。按照其发展变化，滑坡涌浪可以分为三个主要阶段。①涌浪产生：当滑坡体入水后，水体受滑坡体扰动、挤压形成初始涌浪。初始涌浪通常包含固、液、气三相混合流动，并伴随大量水体飞溅。②涌浪传播：包括离岸（径向）传播和沿岸（横向）传播，在传播过程中涌浪发生弥散。涌浪的传播区域可以分为近场和远场，近场区域涌浪非线性程度高，通常波动能大于波势能。在经过一定距离的传播后，由于内摩擦和弥散作用涌浪波高大大降低，波的非线性减弱，波动能逐渐与波势能相等，也就进入了远场区域，在远场区涌浪波能满足能量均分假设。③爬高（或溢坝）：当涌浪传播至近岸水域时，受水深变化影响，初始涌浪波前发生变形，波面也不再完整，将出现破碎和卷倒。近岸波会沿着库岸或坝体继续上升，形成爬高，严重时可能会发生溢坝。如图 5-1 所示，涌浪发展的三个阶段是连续的，在峡谷水库中，由于滑坡源到对岸的距离很短，近场涌浪得不到充分衰减，因此涌浪在传播到近岸区附近时依然保持了巨大能量，给库区居民生命财产安全及沿岸基础设施带来严重威胁。本章主要研究三维滑坡涌浪在近场区的产生过程以及从近场向远场的传播衰减规律。

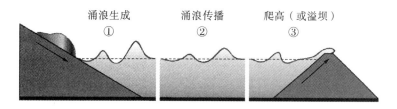

图 5-1　水库滑坡涌浪的三个阶段

5.1　滑坡涌浪产生过程

在滑坡体冲击水体的过程中，滑坡体动量会瞬间转移到水体，从而诱发初始涌浪的产生。图 5-2 为在实验工况 b=1.5m、s=0.4m、h=74cm、α=40°下采集到的涌浪产生过程的图像序列，通过对图像进行分析发现，滑坡体对水体的冲击和置换是形成初始波峰的主要原因。受滑坡体冲击置换影响，原本静止的那部分水体被排开，这些被排开的水体主要沿滑坡体滑动主方向移动，同时也会沿滑坡体前缘向两侧移动，水体位移导致了初始径向波峰的产生，初始波峰产生后由冲击区域向外传播，如图 5-2(a)所示。随着后续滑坡体不断进入水中，冲击区水面逐渐被下拉形成一个冲击坑，即为初始波谷，如图 5-2(b)所示。当冲击坑内水面下降量达到最大值时，周围开始坍塌，坑内水体在重力恢复力的驱动下垂直上涌，并与后续滑坡体排开的水体共同演变成为第二波的径向波峰，而当第二波波峰远离冲击区时，由于质量守恒导致后续波阵面出现一个下降过程，也就形成了第二波波谷，如图5-2（c）所示。在主波产生后，横向涌浪沿山坡的上升和下降导致水面振荡产生拖尾波列，如图5-2（d）所示。通过实验观测，滑坡体冲击水体时产生的冲击坑大小与滑坡体速度、山体坡度、滑坡体厚度和滑坡体宽度等有关，而撞击坑的大小也直接影响初始波阵面的尺寸。

(a)初始波峰形成

(b)初始波谷形成

(c)第二波波峰及波谷形成

(d)拖尾波列形成

图 5-2　三维岩质滑坡涌浪产生过程
文后附彩图

水体从受到滑坡体扰动开始到被垂直抬高形成初始波峰是需要一个过程的，虽然此过程时间相对较短，但由于滑坡体与水体间的能量交换是在瞬间完成的，当滑坡体体量相对水深较大时，滑坡体入水后会迅速沉积，导致大量滑动能无法全部转化形成涌浪，而水体又是不可压缩流体，因此未参与造波的那部分能量在冲击区形成了向前飞溅的浪花，这部分区域称为浪溅区，位于涌浪生成区的上方，如图5-3所示。在浅水区域，滑坡体入水导致局部地形瞬间发生剧烈变化，水体被迅速挤压跃出水面形成一条向前喷射的水舌，如果水库或河道两岸距离较短，则水舌很可能会直接拍打到对岸，对岸坡造成一定的冲击力。浪溅区内的水体作为耗散项不参与到造波过程中，这也导致了在浅水区滑坡体动能向涌浪波能的能量转换率较深水区或更低，其中有很大一部分能量在浪溅区被消耗掉。

图 5-3　近场涌浪生成区与浪溅区划分
文后附彩图

5.2 初始涌浪及首浪高度统计分析

5.2.1 初始涌浪特性分析

从滑坡体入水形成涌浪，再到涌浪通过水体进行传播的整个过程来分析，可将滑坡涌浪按照过程分为初始涌浪和沿程涌浪。初始涌浪就是滑坡体入水时在能量交换过程中产生的涌浪；沿程涌浪是初始涌浪传播过程中的涌浪。下面通过滑坡涌浪实验观测，绘制初始涌浪时域图，分析初始涌浪特性。随机选取 4 组工况(4 号实验工况、6 号实验工况、9 号实验工况、11 号实验工况)，绘制初始涌浪时域图，如图 5-4～图 5-7 所示。

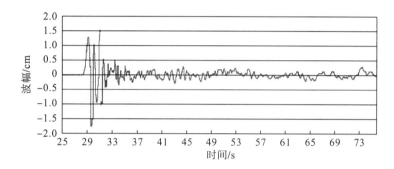

图 5-4 初始涌浪时域图(4 号实验工况)

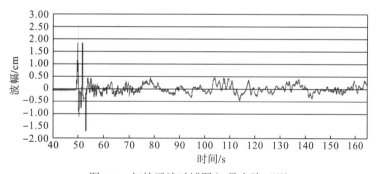

图 5-5 初始涌浪时域图(6 号实验工况)

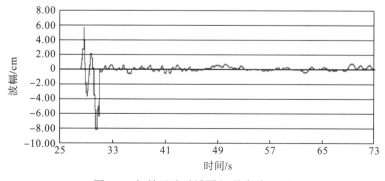

图 5-6 初始涌浪时域图(9 号实验工况)

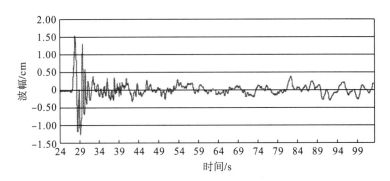

图 5-7　初始涌浪时域图(11 号实验工况)

从图 5-4～图 5-7 中可以看出，初始涌浪较为复杂，但仍然可以从中找到一些规律性的现象：

①在最大波峰和波谷出现后，涌浪迅速衰减；

②初始涌浪的最大波高出现在第一个波；

③随着时间的增加和自身的衰减，涌浪的非对称性逐渐不明显，水面逐渐平静；

④从波高随时间的变化看，存在二次叠加甚至多次叠加的现象。

5.2.2　首浪的定义

采用上跨零点法，以静水面为零点线，统计初始涌浪的最大波高 H 及周期 T(图 5-8)。从实验现场观测和分析可以看出，初始涌浪的最大波高都出现在第一个波，也就是滑坡体入水点处的最大涌浪高。在最大波高出现后，涌浪迅速衰减，逐渐趋于平稳。这里将这个具有最大波高的波浪定义为首浪。首浪代表着滑坡体入水后所转化成的波浪所具有的能量，波高越大，波浪能量也就越大。在物理模型实验中，对凸岸 81 组初始涌浪数据进行统计，发现每组所测涌浪波高最大值，基本在滑坡体入水点附近的 2 号传感器处，因此将 2 号传感器处所测数据作为首浪波高。

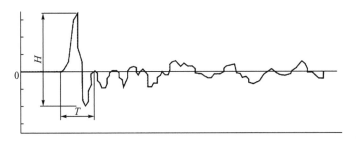

图 5-8　上跨零点法统计波浪特征值示意图

在波浪运动中波长 L 与波周期 T、波数 k 以及水深 h 之间不是彼此独立无关的，而是存在着一定的相互关系，当水深给定时，波的周期越长，波长也就越大，即波的弥散方程：

$$L = \frac{gT^2}{2\pi}\tanh(kh) \tag{5-1}$$

通过波浪的弥散方程，代入观测统计的波浪周期和对应的水深就可以得到波长。各种工况下的首浪波高、波周期、波长见表 5-1。

表 5-1　首浪特征值实验成果统计表

工况	角度/(°)	模型水深/cm	实际水深/m	模型首浪波高/cm	原型首浪波高/m	模型波周期/s	原型波周期/s	原型波长/m
1 号	20	74	51.8	2.7	1.89	0.6	5	39
2 号	20	74	51.8	3.4	2.38	1.2	10	152
3 号	20	74	51.8	5.2	3.64	1.6	13	233
4 号	20	74	51.8	4.1	2.87	1.4	12	206
5 号	20	74	51.8	6.6	4.62	1.2	10	152
6 号	20	74	51.8	8.6	6.02	1.3	11	178
7 号	20	74	51.8	3.2	2.24	1.0	8	100
8 号	20	74	51.8	6.1	4.27	1.1	9	126
9 号	20	74	51.8	16	11.20	2.0	17	339
10 号	20	88	61.6	1.5	1.05	1.0	8	100
11 号	20	88	61.6	4.1	2.87	0.8	7	76
12 号	20	88	61.6	5.0	3.50	0.8	7	76
13 号	20	88	61.6	3.6	2.52	1.0	8	100
14 号	20	88	61.6	5.0	3.50	1.0	8	100
15 号	20	88	61.6	8.5	5.95	1.2	10	156
16 号	20	88	61.6	5.9	4.13	0.8	7	76
17 号	20	88	61.6	6.5	4.55	0.8	7	76
18 号	20	88	61.6	9.0	6.30	1.5	13	243
19 号	20	116	81.2	1.2	0.84	0.7	6	56
20 号	20	116	81.2	2.8	1.96	0.7	6	56
21 号	20	116	81.2	3.1	2.17	1.1	9	126
22 号	20	116	81.2	2.0	1.40	0.9	8	100
23 号	20	116	81.2	6.0	4.20	0.8	7	76
24 号	20	116	81.2	6.2	4.34	0.8	7	76
25 号	20	116	81.2	3.8	2.66	0.6	5	39
26 号	20	116	81.2	6.5	4.55	0.7	6	56
27 号	20	116	81.2	7.0	4.90	1.5	13	253
28 号	40	74	51.8	2.8	1.96	0.8	7	76
29 号	40	74	51.8	4.6	3.22	1.1	9	126
30 号	40	74	51.8	6.6	4.62	1.1	9	126
31 号	40	74	51.8	11.5	8.05	1.3	11	178
32 号	40	74	51.8	16.0	11.20	1	8	100

工况	角度/(°)	模型水深/cm	实际水深/m	模型首浪波高/cm	原型首浪波高/m	模型波周期/s	原型波周期/s	原型波长/m
33 号	40	74	51.8	16.8	11.76	1	8	100
34 号	40	74	51.8	11.4	7.98	1.1	9	126
35 号	40	74	51.8	16.9	11.83	1.1	9	126
36 号	40	74	51.8	17.7	12.39	1.3	11	178
37 号	40	88	61.6	5.0	3.50	0.8	7	76
38 号	40	88	61.6	4.7	3.29	1.5	13	243
39 号	40	88	61.6	7.8	5.46	1.3	11	185
40 号	40	88	61.6	6.5	4.55	1.2	10	156
41 号	40	88	61.6	10.8	7.56	1.6	13	243
42 号	40	88	61.6	16.6	11.62	1.6	13	243
43 号	40	88	61.6	14.0	9.80	1.5	13	243
44 号	40	88	61.6	19.7	13.79	1.7	14	271
45 号	40	88	61.6	21.2	14.84	2.1	18	388
46 号	40	116	81.2	6.6	4.62	1.4	12	218
47 号	40	116	81.2	5.4	3.78	1.1	9	126
48 号	40	116	81.2	5.9	4.13	1.0	8	100
49 号	40	116	81.2	6.0	4.20	2.0	17	390
50 号	40	116	81.2	14.0	9.80	1.1	9	126
51 号	40	116	81.2	17.0	11.90	1.5	13	253
52 号	40	116	81.2	11.2	7.84	1.0	8	100
53 号	40	116	81.2	13.4	9.38	1.0	8	100
54 号	40	116	81.2	20.0	14.00	1.9	16	354
55 号	60	74	51.8	4.9	3.43	1.3	11	178
56 号	60	74	51.8	6.0	4.20	1.3	11	178
57 号	60	74	51.8	6.5	4.55	1.3	11	178
58 号	60	74	51.8	7.9	5.53	1.3	11	178
59 号	60	74	51.8	11.3	7.91	1.5	13	233
60 号	60	74	51.8	16.1	11.27	1.7	14	262
61 号	60	74	51.8	7.5	5.25	1.5	13	233
62 号	60	74	51.8	16.0	11.20	1.1	9	126
63 号	60	74	51.8	18.5	12.95	0.8	7	76
64 号	60	88	61.6	3.3	2.31	1.1	9	126
65 号	60	88	61.6	6.5	4.55	1.6	13	243
66 号	60	88	61.6	8.7	6.09	2.1	18	388
67 号	60	88	61.6	5.9	4.13	1.5	13	243
68 号	60	88	61.6	11.8	8.26	1.6	13	243
69 号	60	88	61.6	19.3	13.51	1.3	11	185

工况	角度/(°)	模型水深/cm	实际水深/m	模型首浪波高/cm	原型首浪波高/m	模型波周期/s	原型波周期/s	原型波长/m
70 号	60	88	61.6	15.0	10.50	1.1	9	126
71 号	60	88	61.6	21.4	14.98	2.1	18	388
72 号	60	88	61.6	23.5	16.45	1.6	13	243
73 号	60	116	81.2	3.5	2.45	1.5	13	253
74 号	60	116	81.2	6.0	4.20	1.5	13	253
75 号	60	116	81.2	6.4	4.48	1.3	11	189
76 号	60	116	81.2	6.2	4.34	1.2	10	156
77 号	60	116	81.2	9.4	6.58	1.5	13	253
78 号	60	116	81.2	17.1	11.97	1.3	11	189
79 号	60	116	81.2	16.4	11.48	1.2	10	156
80 号	60	116	81.2	19.4	13.58	1.9	16	354
81 号	60	116	81.2	23.3	16.31	2.0	17	390

从表 5-1 中可以看出，模型首浪波高范围为 1.2～23.5cm。根据实验比尺，反算原型首浪波高范围为 0.84～16.45m。模型首浪波高平均值为 9.6cm，反算原型首浪波高平均值为 7m。模型波周期范围为 0.6～2.1s，根据模型比尺反算原型波周期范围为 5～18s。

5.3　滑坡体入水前后的能量分析

5.3.1　滑坡体入水的能量守恒原理

能量守恒定律是自然界普遍存在的基本定律之一。对于滑坡涌浪而言，滑坡体下滑、进入水体、产生涌浪，这个过程中的影响因素众多而且复杂，但可以把这个复杂的过程看成一个整体，即滑坡体入水前所拥有的机械能转换成涌浪生成后的波浪能的过程。因此根据能量守恒定律，这个过程中能量是守恒的。

对于滑坡体入水前的总机械能，由滑坡体所具有的势能和动能组成，其入水前距离水面的高度决定其拥有的势能大小，其入水前的速度决定其拥有的动能大小。对于滑坡涌浪所具有的总波浪能，其表现方式就是首浪，滑坡涌浪能量的大小就体现在首浪的波高、波长和周期上，通过滑坡涌浪实验和波能理论就可建立基于首浪波要素的总波浪能。从整体能量的角度出发，滑坡体入水过程就是滑坡体和水体的能量交换过程，滑坡体入水前的能量大小和能量交换的充分程度决定着涌浪能量的大小。为此，建立如下公式：

$$E_w = P_t \times E_m \tag{5-2}$$

式中，E_m 为滑坡体入水前的总机械能；E_w 为滑坡涌浪首浪的总波能；P_t 为能量转换系数，即滑坡体入水前的总机械能转换成首浪总波能的能量转换系数。

5.3.2 滑坡体入水前的总机械能分析

1. 滑坡体入水前的运动特征分析

如图 5-9 所示，当外界条件发生改变时，滑坡体受力失去平衡，就会启动下滑，沿着滑动面向下滑动，从而产生巨大的地质灾害。在这个过程中，滑坡体的重力势能 E_{mp}、动能 E_{mk} 和摩擦内能 E_{mf} 相互转换。在滑坡体下滑的初期，滑坡体距离滑坡停止点的高度逐渐减小，重力势能逐渐减小，滑坡体的速度逐渐加大，滑坡体的动能逐渐增大，同时滑坡体与地面间产生摩擦内能，并以热能、声能等其他形式的能量消散。在滑坡体下滑的后期，滑坡体距离滑坡停止点的高度逐渐减小，重力势能逐渐减小，受摩擦阻力的作用，滑坡体的速度逐渐减小，滑坡体的动能逐渐减小，滑坡体与地面间产生摩擦内能，并以热能、声能等其他形式的能量消散。因此滑坡体下滑运动过程中的能量转换原理是：初期重力势能的减小转换成动能的增加和摩擦内能的消散，后期动能也转换成摩擦内能的消散。

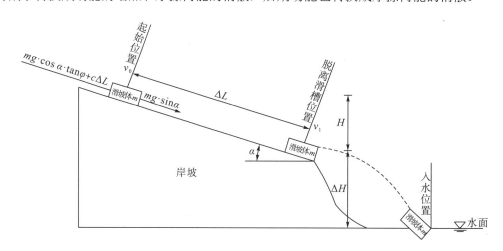

图 5-9 滑坡体入水前总机械能示意图

滑坡体滑入水中的过程，无论是在滑坡体下滑的前期还是后期，带入水中的主要是重力势能 E_{mp} 和动能 E_{mk}，而摩擦内能 E_{mf} 在滑坡体下滑过程中以热能、声能的方式消散，带入水中的摩擦内能 E_{mf} 可以忽略不计。

因此，入水前滑坡体的总机械能 E_m 可以建立如下公式：

$$E_m = E_{mk} + E_{mp} \tag{5-3}$$

式中，E_m 为入水前滑坡体的总机械能(kJ)；E_{mk} 为滑坡体脱离滑槽时所具有的动能(kJ)，可综合滑坡体体积、滑坡体密度、滑坡体速度等参数确定；E_{mp} 为滑坡体脱离滑槽时所具有的势能(kJ)，可综合滑坡体体积、滑坡体密度、滑坡体脱离滑槽位置距离水面的高度等参数确定。

2. 滑坡体入水前的动能分析

$$E_{mk} = \frac{1}{2} m v_1^2 \tag{5-4}$$

式中，m 为滑坡体质量(t)；v_1 为滑坡体至脱离滑槽位置时的速度(m/s)。

如图 5-10 所示，分析滑坡体从启动下滑的起始位置至脱离滑槽位置之间，在垂直于滑动面方向，所受的力包括滑坡体自重垂直于滑动面方向的分力 $mg\cos\alpha$ 和滑槽对滑坡体的支撑力 σS，二者是平衡的，即

$$\sigma S = mg\cos\alpha \tag{5-5}$$

式中，α 为滑动面角度(°)；σ 为滑动面对滑坡体的垂直支撑强度(kN/m^2)；S 为滑坡体与滑槽斜面的接触面积。

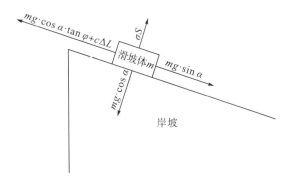

图 5-10　滑坡体入水前受力分析图

而在沿滑槽斜面方向，所受的力包括滑坡体自重沿滑动面方向的分力 F_s 和滑坡体与滑动面之间的抗剪力 F_r，可先根据土的抗剪强度规律并代入式(5-5)推导得出抗剪力 F_r，进而可推导出滑坡体的剩余下滑力 F_1，再求出滑坡体下滑的加速度 a 和滑坡体到达脱离滑槽位置时的速度 v_1，最后推导得出滑坡体下滑动能 E_{mk}。推导过程如下：

$$F_s = mg\sin\alpha \tag{5-6}$$

$$\tau = \sigma\tan\varphi + c \tag{5-7}$$

$$F_r = \sigma s\tan\varphi + c\Delta L = mg\cos\alpha\tan\varphi + c\Delta L \tag{5-8}$$

$$F_1 = F_s - F_r = mg\sin\alpha \tag{5-9}$$

$$a = g\sin\alpha - g\cos\alpha\tan\varphi - \frac{c\Delta L}{m} \tag{5-10}$$

$$v_1^2 = 2g\Delta L\sin\alpha - 2g\Delta L\cos\alpha\tan\varphi - \frac{2c\Delta L^2}{m} \tag{5-11}$$

$$E_{mk} = mg\Delta L\sin\alpha - mg\Delta L\cos\alpha\tan\varphi - c\Delta L^2 \tag{5-12}$$

式中，F_s 为滑坡体沿滑动面方向所受的下滑力(kN)；τ 为滑动面对滑坡体的抗剪强度(kN/m^2)；φ 为滑坡体与滑动面之间的内摩擦角(°)；c 为滑坡体与滑动面之间的黏聚力(kN/m^2)；F_r 为滑动面对滑坡体的抗剪力(kN)；F_1 为滑坡体沿滑动面方向所受的剩余下滑力(kN)；ΔL 为滑坡体起始位置至脱离滑槽位置之间的距离(m)；a 为滑坡体起始位置

至脱离滑槽位置之间的加速度(m/s²)；v_1 为滑坡体至脱离滑槽位置时的速度(m/s)；E_{mk} 为滑坡体至脱离滑槽位置时所具有的动能(kJ)。

3. 滑坡体入水前的势能分析

滑坡体入水前势能分析图如图 5-11 所示，则有

$$E_{mp} = mg\Delta H \qquad (5-13)$$

式中，E_{mp} 为滑坡体脱离滑槽时所具有的势能(kJ)，可综合滑坡体体积、滑坡体密度、滑坡体脱离滑槽位置距离水面的高度等参数确定；m 为滑坡体质量(t)；ΔH 为滑坡体脱离滑槽位置至水面的垂直高度(m)；g 为重力加速度。

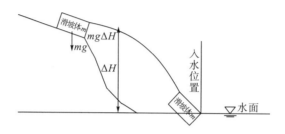

图 5-11 滑坡体入水前势能分析示意图

4. 滑坡体入水前的总机械能计算模型

由式(5-3)、式(5-12)和式(5-13)汇总成入水前滑坡体的总机械能计算模型如下：

$$E_m = mg\Delta L \sin\alpha - mg\Delta L \cos\alpha \tan\varphi - c\Delta L^2 + mg\Delta H \qquad (5-14)$$

式中，E_m 为滑坡体入水前的总机械能(kJ)；m 为滑坡体质量(t)；ΔH 为滑坡体脱离滑槽位置至水面的垂直高度(m)；g 为重力加速度；α 为滑动面倾角(°)；φ 为滑坡体与滑动面之间的内摩擦角(°)；c 为滑坡体与滑动面之间的黏聚力(kN/m²)；ΔL 为滑坡体起始位置至脱离滑槽位置之间的距离(m)。

5.4 滑坡体入水后产生的首浪波能分析

5.4.1 首浪波能分布

由于滑坡涌浪是从河道边线某一点产生涌浪，并围绕这一点迅速向周边传播，首浪的分布和传播均有很大的特殊性。为此随机选取凸岸实验的 27 号工况和凹岸实验的 37 号工况，按照实验的实测波高绘制成等值线图，如图 5-12 和图 5-13 所示。

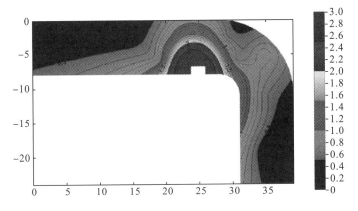

图 5-12　波高等值线图(凸岸实验 27 号工况，单位为 m)

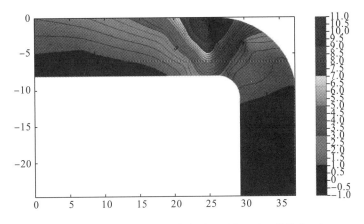

图 5-13　波高等值线图(凹岸实验 37 号工况，单位为 m)

　　由波高等值线图可以看出，滑坡体入水后产生的首浪能量是圆弧形分布，初始的传播方向也是按照圆弧形向外扩散的。波峰线是以滑坡体入水点向岸边作垂线的垂足为圆心的弧线，波向线是以滑坡体入水点向岸边作垂线的垂足为圆心的半径，而首浪的波峰线是以此圆心到最大波高测点的连线为半径的半圆弧，如前文图 4-13 所示。

　　根据图 4-13，可以得出首浪波峰线长度公式如下：

$$S = \pi r \tag{5-15}$$

式中，S 为首浪波峰线长度(m)，本实验中 S=5.52m；r 为滑坡体入水点向岸边作垂线的垂足与最大涌浪测点的连线距离。

5.4.2　首浪波能计算模型

　　根据 5.4.1 节分析，滑坡涌浪首浪波峰线呈半圆弧分布(图 5-14)，并以此为出发点向外发散式地传播。通过单宽波峰线长度的平均的能量传递率称为波能流，因此可以通过波能流来求解首浪波能。建立公式如下：

$$E_w = P \times T \times S \tag{5-16}$$

式中，E_w 为滑坡涌浪首浪的总波能(kJ)；P 为通过单宽波峰线长度的波能流(kW/m)；T 为首浪波周期(s)；S 为首浪波峰线长度(m)。

滑坡涌浪是在滑坡体对静止水体做功以后引起的一种水质点运动形式，运动中总能量由势能和动能组成，波浪势能是因水质点偏离平衡位置所致，波浪动能是由于质点运动而产生。如图 5-14 所示，沿波向从左到右通过垂直于 x 轴的从自由表面到水底的控制面右边能量的增加率，由通过控制面进入右边的动能、势能和左边流体作用在控制面上的压力做功三部分组成。考虑控制面上的垂向微元长度 dz，dt 时间内通过 dz 范围的质量、dt 时间内通过控制面的动能和势能以及 dt 时间内左边流体作用在控制面上的压力所做功(图 5-14)，建立公式如下：

$$m = \rho u dt dz \tag{5-17}$$

$$\frac{1}{2} m(u^2 + \omega^2) = \frac{1}{2} \rho u(u^2 + \omega^2) dz dt \tag{5-18}$$

$$mgz = \rho g z u dt dz \tag{5-19}$$

$$W = \rho u dz dt \tag{5-20}$$

式中，m 为控制面上垂向微元的质量；ρ 为控制面上垂向微元的密度；u 为水质点运动的水平分速度；ω 为水质点运动的垂直分速度；W 为 dt 时间内左边流体作用在控制面上的压力所做功。

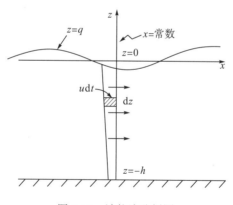

图 5-14   波能流分析图

dt 时间内通过控制面的动能、dt 时间内通过控制面的势能以及 dt 时间内左边流体作用在控制面上的压力所做功三者之和即为 dt 时间内通过垂直于 x 轴控制面上 dz 范围的波能通量，再沿水深 h 积分，并取波周期的平均值，即得通过单宽波峰线长度的波能流。建立公式如下：

$$P = \frac{1}{T} \int_t^{t+T} \int_{-h}^0 u \left[p + \frac{1}{2} \rho(u^2 + \omega^2) + \rho g z \right] dz dt \tag{5-21}$$

$$P = \frac{1}{8} \rho g H^2 c n \tag{5-22}$$

将式(5-22)代入式(5-16)得

$$E_w = P \times T \times S = \frac{1}{8} \rho g H^2 L S n \tag{5-23}$$

其中,

$$n = \frac{1}{2} \left(1 + \frac{2kh}{\sin 2kh} \right) \tag{5-24}$$

式中, H 为首浪波高(m); ρ 为水体的密度(kg/m³); L 为波长(m); S 为首浪波峰线长度 (m); c 为波速; n 为波能传递率, 即波能传播速度 c_g 与波速 c 之比。在深水时, $n=1/2$; 在浅水时, $n \approx 1$; 在有限水深区, 随着水深的减小, n 从 1/2 向 1 变化。

5.4.3　滑坡体入水前后的能量转换系数

1. 研究指标的定义

滑坡入水前后的能量转换系数 P_t, 与滑动面倾角、库区水深、滑坡体入水断面面积等密切相关。研究指标定义如下:

①P_t 为能量转换系数, 即入水前的总机械能转换成首浪总波能的转换系数;

②α 为滑动面倾角;

③h 为库区水深;

④S 为滑坡体入水断面面积与滑坡体宽度及厚度的乘积;

⑤s 为入水相对面积, $s = S / h^2$。

2. 滑坡体入水前后的能量转换因素分析

首先按照不同滑动面倾角、不同库区水深、不同滑坡体宽度和厚度进行滑坡涌浪实验分析, 实测各种情况下的首浪波高值, 按照式(5-23)计算分析首浪总波能, 按照式(5-14)计算分析滑坡体入水前总机械能, 进而求得能量转换系数。按照不同滑坡体宽度和厚度计算出滑坡体入水断面面积, 再根据不同的库区水深求得入水相对面积。其中入水相对面积相同的, 取能量转换系数最大值项。相关数据分析列表如表 5-2 所示。

表 5-2　能量转换系数因素分析表

实验编号	滑动面倾角 α/(°)	实际水深 h/m	入水断面面积 S/m²	入水相对面积 s	入水前总机械能 E_m/kJ	首浪总波能 E_w/kJ	能量转换系数 P_t
1 号	20	51.8	490	0.1826	16647204	480	0.0029%
5 号	20	51.8	1470	0.5478	49941613	12463	0.0250%
6 号	20	51.8	1960	0.7305	92138081	26460	0.0287%
9 号	20	51.8	4410	1.6435	264796524	231113	0.0873%
10 号	20	61.6	490	0.1291	16647204	382	0.0023%
12 号	20	61.6	980	0.2583	46069040	3231	0.0070%
14 号	20	61.6	1470	0.3874	49941613	4244	0.0085%
15 号	20	61.6	1960	0.5165	92138081	20362	0.0221%

实验编号	滑动面倾角 $\alpha/(°)$	实际水深 h/m	入水断面面积 S/m²	入水相对面积 s	入水前总机械能 E_m/kJ	首浪总波能 E_w/kJ	能量转换系数 P_t
19 号	20	81.2	490	0.0743	16647204	137	0.0008%
21 号	20	81.2	980	0.1486	46069040	2062	0.0045%
23 号	20	81.2	1470	0.2229	49941613	4649	0.0093%
24 号	20	81.2	1960	0.2973	92138081	4964	0.0054%
26 号	20	81.2	2940	0.4459	138207121	4008	0.0029%
27 号	20	81.2	4410	0.6688	264796524	23950	0.0090%
28 号	40	51.8	490	0.1826	27116906	1016	0.0037%
30 号	40	51.8	980	0.3652	69900575	9853	0.0141%
32 号	40	51.8	1470	0.5478	81350719	44004	0.0541%
36 号	40	51.8	4410	1.6435	385053022	112081	0.0291%
37 号	40	61.6	490	0.1291	27116906	3231	0.0119%
39 号	40	61.6	980	0.2583	69900575	21413	0.0306%
41 号	40	61.6	1470	0.3874	81350719	60360	0.0742%
42 号	40	61.6	1960	0.5165	139801151	142601	0.1020%
47 号	40	81.2	980	0.1486	54233813	6256	0.0115%
50 号	40	81.2	1470	0.2229	81350719	42047	0.0517%
53 号	40	81.2	2940	0.4459	209701726	30304	0.0145%
54 号	40	81.2	4410	0.6688	385053022	316920	0.0823%
59 号	60	51.8	1470	0.5478	113932771	67549	0.0593%
60 号	60	51.8	1960	0.7305	199886253	162575	0.0813%
63 号	60	51.8	4410	1.6435	557689826	44345	0.0080%
64 号	60	61.6	490	0.1291	37977590	2387	0.0063%
68 号	60	61.6	1470	0.3874	113932771	72056	0.0632%
69 号	60	61.6	1960	0.5165	199886253	131099	0.0656%
72 号	60	61.6	4410	1.1622	557689826	285786	0.0512%
73 号	60	81.2	490	0.0743	37977590	5987	0.0158%
74 号	60	81.2	980	0.1486	75955180	17596	0.0232%
77 号	60	81.2	1470	0.2229	113932771	43188	0.0379%
78 号	60	81.2	1960	0.2973	199886253	97770	0.0489%
81 号	60	81.2	4410	0.6688	557689826	494455	0.0887%

以表 5-2 的实验数据分析为基础，首先固定滑动面倾角 α，研究能量转换系数 P_t 与入水相对面积 s 的关系。分别在不同滑动面倾角 α（20°、40°和 60°）的条件下，建立能量转换系数 P_t 与入水相对面积 s 的相关关系，三种情况均拟合成了相关性较强的二次曲线，曲线图及拟合公式如图 5-15～图 5-17 所示。

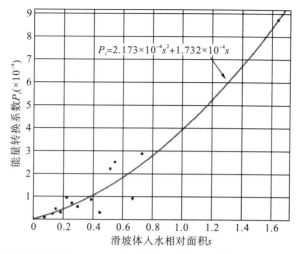

图 5-15　能量转换系数 P_t 与入水相对面积 s 的关系曲线（滑动面倾角为 20°时）

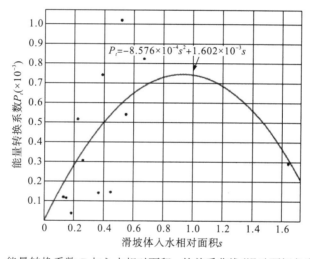

图 5-16　能量转换系数 P_t 与入水相对面积 s 的关系曲线（滑动面倾角为 40°时）

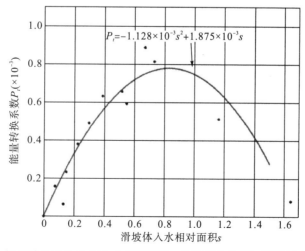

图 5-17　能量转换系数 P_t 与入水相对面积 s 的关系曲线（滑动面倾角为 60°时）

3. 滑坡体入水前后能量转换系数的确定

在建立能量转换系数 P_t 与入水相对面积 s 关系曲线的基础上，进一步建立能量转换系数与入水相对面积、滑动面倾角三者之间的关系，拟合曲面函数如下：

$$P_t = -5.203 \times 10^{-4} s + 7.803 \times 10^{-4} s^2 + 4.316 \times 10^{-5} s\alpha - 3.418 \times 10^{-5} s^2 \alpha \qquad (5\text{-}25)$$

式中，P_t 为能量转换系数，即滑坡体入水前的总机械能转换成首浪总波能的转换系数；α 为滑动面倾角；s 为入水相对面积；S 为滑坡体入水断面面积与滑坡体宽度及厚度的乘积；h 为库区水深。拟合能量转换系数 P_t 与入水相对面积 s、滑动面倾角 α 的关系图如图 5-18 和图 5-19 所示，同时为方便工程应用，表 5-3 给出了部分拟合关系的数据。

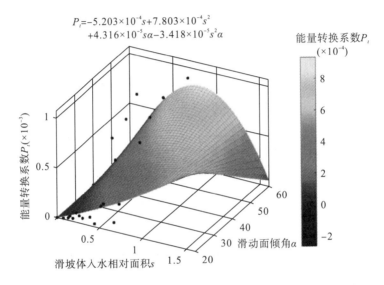

图 5-18　能量转换系数与入水相对面积、滑动面倾角三维曲面关系图

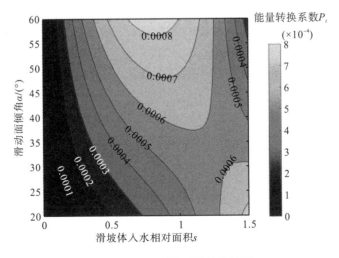

图 5-19　能量转换系数等值线图

表 5-3　能量转换系数与入水相对面积、滑动面倾角拟合关系表

滑坡体入水相对面积	能量转换系数								
	滑动面倾角 20°	滑动面倾角 25°	滑动面倾角 30°	滑动面倾角 35°	滑动面倾角 40°	滑动面倾角 45°	滑动面倾角 50°	滑动面倾角 55°	滑动面倾角 60°
0.1	3.526E−05	5.513E−05	7.500E−05	9.487E−05	1.147E−04	1.346E−04	1.545E−04	1.744E−04	1.942E−04
0.2	7.245E−05	1.088E−04	1.451E−04	1.814E−04	2.177E−04	2.541E−04	2.904E−04	3.267E−04	3.630E−04
0.3	1.116E−04	1.609E−04	2.103E−04	2.597E−04	3.090E−04	3.584E−04	4.077E−04	4.571E−04	5.064E−04
0.4	1.526E−04	2.116E−04	2.706E−04	3.296E−04	3.885E−04	4.475E−04	5.065E−04	5.655E−04	6.244E−04
0.5	1.956E−04	2.608E−04	3.260E−04	3.912E−04	4.563E−04	5.215E−04	5.867E−04	6.519E−04	7.170E−04
0.6	2.406E−04	3.085E−04	3.765E−04	4.444E−04	5.124E−04	5.803E−04	6.483E−04	7.162E−04	7.842E−04
0.7	2.874E−04	3.547E−04	4.221E−04	4.894E−04	5.567E−04	6.240E−04	6.913E−04	7.586E−04	8.260E−04
0.8	3.362E−04	3.995E−04	4.627E−04	5.260E−04	5.893E−04	6.525E−04	7.158E−04	7.791E−04	8.423E−04
0.9	3.869E−04	4.427E−04	4.985E−04	5.543E−04	6.101E−04	6.659E−04	7.217E−04	7.775E−04	8.333E−04
1.0	4.396E−04	4.845E−04	5.294E−04	5.743E−04	6.192E−04	6.641E−04	7.090E−04	7.539E−04	7.988E−04
1.1	4.942E−04	5.248E−04	5.554E−04	5.860E−04	6.166E−04	6.472E−04	6.777E−04	7.083E−04	7.389E−04
1.2	5.507E−04	5.636E−04	5.765E−04	5.893E−04	6.022E−04	6.150E−04	6.279E−04	6.408E−04	6.536E−04
1.3	6.092E−04	6.009E−04	5.926E−04	5.844E−04	5.761E−04	5.678E−04	5.595E−04	5.512E−04	5.429E−04
1.4	6.696E−04	6.367E−04	6.039E−04	5.711E−04	5.382E−04	5.054E−04	4.725E−04	4.397E−04	4.068E−04
1.5	7.319E−04	6.711E−04	6.103E−04	5.495E−04	4.886E−04	4.278E−04	3.670E−04	3.062E−04	2.453E−04

4. 滑坡体入水前后能量转换的机理分析

滑坡体入水时，将入水前的总机械能转换成了波浪能、固液摩擦产生的热能等。滑坡体入水前的总机械能与入水后的首浪波总能之间的转换系数与滑动面倾角、滑坡体入水相对面积等密切相关。从图 5-15～图 5-17 中可以看出，在滑动面倾角不变的情况下，能量转换系数随滑坡体入水相对面积呈二次曲线分布，入水相对面积 s<0.8 时，能量转换系数呈显著增长趋势。这是由于在深水情况下，入水面积大，产生的波浪能量大。从能量转换系数与入水相对面积、滑动面倾角的曲面关系图和等值线图(图 5-18 和图 5-19)中可以看出，入水相对面积 s<0.8 时，即深水情况下，能量转换系数随滑动面倾角的增大而增大。这是由于滑动面倾角增大，固液摩擦产生的热能就会减小，转换成的波浪能就会增大。

5.4.4　基于能量交换机理的首浪高度计算模型

将滑坡体入水前的总机械能公式(5-14)、滑坡体入水后产生的首浪总波能公式(5-23)和能量转换系数公式(5-25)，代入反映三者关系的公式(5-2)，就可推导出基于能量交换机理的首浪高度计算模型，如下所示：

$$H = \left[\frac{8P_t(mg\Delta L\sin\alpha - mg\Delta L\cos\alpha\tan\varphi - c\Delta L^2 + mg\Delta H)}{\rho gLSn} \right]^{1/2} \tag{5-26}$$

式中，P_t 为能量转换系数；ΔH 为滑坡体脱离滑槽位置至水面的垂直高度(m)；m 为滑坡

体质量；α 为滑动面倾角；φ 为滑坡体与滑动面之间的内摩擦角；c 为滑坡体与滑动面之间的黏聚力(kN/m^2)；ΔL 为滑坡体起始位置至脱离滑槽位置之间的距离；ρ 为水体的密度(kg/m^3)；g 为重力加速度；S 为首浪波峰线长度；n 为波能传播速度 c_g 与波速 c 之比；L 为波长(m)。

5.5 三维滑坡涌浪爬高

5.5.1 滑坡对岸最大涌浪爬高估算

根据 McFall 和 Fritz[61]在规则矩形波浪港池中对三维涌浪爬高规律的研究发现，最大涌浪爬高出现在滑坡体对岸滑坡中轴线所在断面上，这样的结果也与三维涌浪径向传播规律相符。以往许多学者通过不同的模型实验或理论方法对波浪爬高进行了相关研究，但主要都集中在二维模型上，其中以 Hall 和 Watts[94]以及 Synolakis[95]分别以孤立波为研究对象提出的最大爬高经验公式及"爬高定律"最具代表性，得到了工程界和学术界的广泛认可。

Hall 和 Watts 是最早开始研究波浪爬高的学者之一，他们在美国陆军工程兵团的水道实验站(WES)中通过一个活塞式造波器模拟孤立波产生，并研究孤立波在不透水岸坡上的爬高过程。通过实验发现：当岸坡倾角 $\beta < 12°$(缓坡)时，孤立波沿岸最大爬高主要受摩擦力影响；而当 $\beta > 12°$(陡坡)时，最大爬高主要受重力和惯性力影响。通过实验数据，Hall 和 Watts 拟合得到孤立波沿岸最大爬高 r 的经验公式：

$$\frac{r}{h} = 11\beta^{0.67}\left(\frac{H}{h}\right)^{1.9\beta^{0.35}} \qquad (\beta = 5° \sim 12°) \tag{5-27}$$

$$\frac{r}{h} = 3.05\beta^{-0.13}\left(\frac{H}{h}\right)^{1.15\beta^{0.02}} \qquad (\beta = 12° \sim 45°) \tag{5-28}$$

式中，h 为水深；H 为波高。虽然当时的实验量测技术比较落后，但式(5-27)和式(5-28)作为最早的两个爬高公式，在学术界和工程界得到广泛认可，至今仍被使用。

Synolakis 提出了一种恒定水深条件下未破碎孤立波传播的近似理论，并对孤立波沿斜面爬升进行分析。他在 1:19.85 的缓坡下进行模型实验，并把理论推导结果与实验数据进行比较，发现当孤立波未发生破碎时理论推导结果与实验数据基本一致，而他所推导出的未破碎孤立波爬高公式也被称为"爬高定律"，记为

$$\frac{r}{h} = 2.831(\cot\beta)^{1/2}\left(\frac{H}{h}\right)^{5/4} \tag{5-29}$$

对于多向不规则的三维涌浪来说，受径向衰减和沿岸流影响，其爬高规律更为复杂。虽然滑坡体入水诱发的涌浪多为非线性振荡波，但其初始波峰具有许多类似于孤立波的特性。基于此，McFall 和 Fritz[96]将实验中测量到的近岸初始波峰振幅分别代入式(5-28)和式(5-29)中计算滑坡体对岸最大涌浪爬高。最终，爬高计算值与实验测量结果比较接近，

相关系数达到 0.93，说明用孤立波爬高公式计算三维涌浪最大爬高是可行的。

由于模型中增加了弯曲河段对涌浪的影响，实验中涌浪在弯曲河段近岸区的浅水变形更为强烈，并且极易破碎。因此，涌浪最大爬高是否依然在滑坡体对岸滑坡中轴线所在断面上，以及最大爬高是否依然符合 Hall 和 Watts 以及 Synolakis 的爬高公式需要重新进行验证。图 5-20 为实验中不同工况在 R^+ 断面上实测爬高值与两种推荐的爬高公式计算结果的对比，其中 r 为涌浪爬高，h 为水深，a_{c1} 为坡前初始涌浪波峰振幅。测量点取在岸坡前 0.09m 处，与 Synolakis 及 McFall 等的实验保持一致。从图中可以看出，两种推荐爬高公式的计算结果均小于实际测量值，这是因为它们是基于波浪未破碎情况下提出的。而本书实验中，近岸涌浪在弯道入口附近发生破碎，并产生了强烈的二次爬坡流，导致此区域的涌浪爬高大幅度增加。

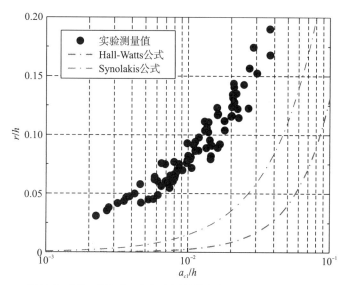

图 5-20　滑坡体对岸 R^+ 断面涌浪爬高测量值与推荐公式计算结果曲线对比图

虽然图 5-20 中的实验测量值大于推荐公式的计算结果，但可以看出它们的变化趋势基本是相同的。之所以推荐公式的计算结果偏小很可能是因为 a_{c1} 取的是岸坡前 0.09m 的值，因此测量出的近岸波峰高度小于实际涌浪在岸坡上破碎时的波峰高度。基于上述观点，这里拟采用初始波峰在弯曲河岸处的平均破碎高度 a_{c1-b} 来替换 Hall-Watts 公式和 Synolakis 公式中采用的孤立波波高 H，并得到弯曲河岸三维滑坡涌浪最大爬高计算的修正公式：

$$\text{Hall-Watts 修正公式：} \quad \frac{r_{\max}}{h} = 3.05\beta^{-0.13}\left(\frac{a_{c1-b}}{h}\right)^{1.15\beta^{0.02}} \tag{5-30}$$

$$\text{Synolakis 修正公式：} \quad \frac{r_{\max}}{h} = 2.831\left(\cot\beta\right)^{1/2}\left(\frac{a_{c1-b}}{h}\right)^{5/4} \tag{5-31}$$

式中，$r_{\max}$ 为滑坡体对岸涌浪最大爬高；a_{c1-b} 为斜向涌浪破碎带上的初始波峰的平均破碎高度；β 为岸坡坡度；h 为水深。实验中，在测量岸坡上的涌浪破碎波幅时，除采用测波仪外，还在水槽侧方适当位置架设一台高速摄像机，并与滑架右侧的高程背景板共同完成对近岸涌浪破碎波幅的校正，如图 5-21 所示。图 5-22 为实验中测量的涌浪最大爬高与式 (5-10) 和式 (5-31) 计算结果对比，从图中发现，用 a_{c1-b} 修正后的 Synolakis 公式计算结果，除几个初始涌浪较小的工况外，由于近岸破碎波高不明显导致计算结果偏小以外，大多数情况下其计算结果与实际测量值吻合较好；但修正后的 Hall-Watts 公式计算结果与实验数据偏差相对较大。由此说明之前的假设是成立的，因此，推荐将近岸涌浪破碎波峰振幅与 Synolakis 的"爬高定律"结合来计算弯曲河岸下滑坡体对岸涌浪最大爬高。

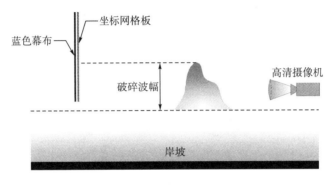

图 5-21   破碎波峰振幅校正原理图

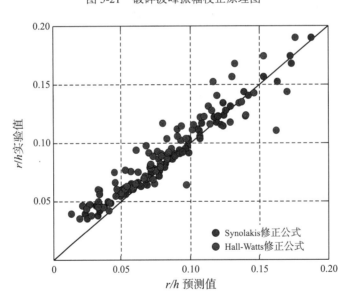

图 5-22   修正公式预测值与实验测量值对比

文后附彩图

5.5.2   涌浪爬高沿岸衰减规律

以往关于波浪爬高的研究多数是基于二维模型，测量结果通常是单一的，无法解释涌浪沿岸爬高的变化规律。但现实中，涌浪沿岸爬高衰减不仅对库岸堤防设计特别重要，并且对水库滑坡涌浪风险评估也有重要意义。本书将涌浪沿岸爬高变化规律分为四个部分研究：①滑坡体对岸顺直河岸段，实验观测点为 R1、R2、R3、R4、R5、R⁺；②滑坡体对岸弯曲河岸段，实验观测点为 R⁺、R6、R7、R8、R9、R10；③滑坡体同岸顺直河岸段，实验观测点为 L1、L2、L3、L4、L5；④滑坡体同岸弯曲河岸段，实验观测点为 L6、L7、L8、L9、L10。为了能够直观地说明三维涌浪沿岸爬高变化规律，分别将每个爬高测点所测量到的爬高值以及测点距滑坡体中轴线的距离进行无量纲化处理，得到相对沿岸涌浪爬高 $R_x = r_x / H_0$ 和相对沿岸爬高位置 $X = x / B$，其中 r_x 为沿岸测量点记录的爬高值，H_0 为初始涌浪高度，x 为每个测点距滑坡中轴线的库岸距离，B 为河宽。图 5-23 给出了涌浪沿滑坡体对岸和同岸的相对爬高 R_x 随相对爬高位置 X 的变化关系。

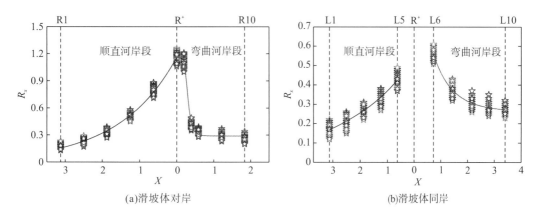

图 5-23　滑坡涌浪沿岸爬高变化规律

如图 5-23 所示，在忽略模型尺度效应影响的前提下，不同初始波高和水深条件下的三维涌浪沿岸爬高变化趋势基本相同，且最大涌浪爬高位于滑坡体对岸山坡($\theta = 0°$)上。在对岸顺直河岸段、同岸顺直河岸段和同岸弯曲河岸段，涌浪沿岸爬高变化趋势均满足指数衰减，且开始时衰减速度较快，随着库岸距离的增加，衰减速度逐渐变得缓慢，趋于平稳。但涌浪沿对岸弯曲河岸段的变化趋势却与其他三段不同，在弯道进口附近(R6 测点)，所测量到的涌浪爬高不仅没有急剧减小，反而接近 R⁺测点处的最大爬高值，在有些工况中 R6 测点甚至超过 R⁺测点的测量值。在此之后，涌浪爬高沿弯区河岸开始急剧下降，直到 R8 测点(弯道出口)后才趋于平稳，之所以涌浪爬高在滑坡体对岸弯道处发生剧烈变化，是由前导波在弯道附近破碎后产生的二次爬坡浪所致。虽然图 5-23 可以直观地展示涌浪沿岸爬高变化情况，但由于相对沿岸爬高位置 X 受河宽 B 影响，且不同弯曲半径对弯道处 x 值影响较大，因此通过相对沿岸爬高位置来定量分析三维涌浪沿岸爬高规律是不准确的。综上所述，本书将测点位置以坐标方位角的形式表示，并采用无量纲关系来描述沿岸涌浪爬高变化，如图 5-24 所示。

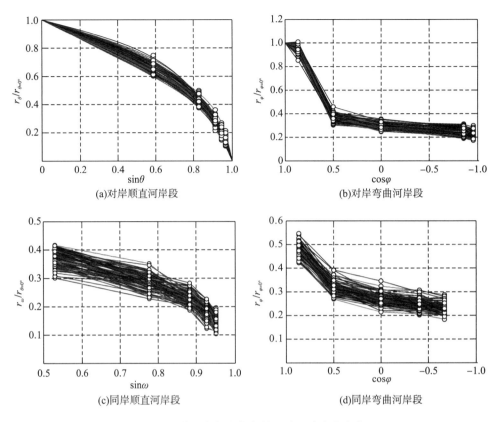

图 5-24　基于坐标方位角的涌浪沿岸爬高变化

图 5-24 中 $r_{\theta=0^\circ}$ 和 $r_{\varphi=0^\circ}$ 都表示 R^+ 测点的最大爬高值，涌浪沿岸爬高空间位置的表示方法如图 5-25 所示。通过最小二乘分析，得到三维涌浪沿岸爬高衰减拟合公式：

滑坡体对岸顺直河岸段：$\dfrac{r_\theta}{r_{\theta=0^\circ}}=1-0.0642\exp\left(\dfrac{\sin\theta}{0.364}\right)$（$0^\circ\leqslant\theta<90^\circ$）　　(5-32)

滑坡体对岸弯曲河岸段：$\dfrac{r_\varphi}{r_{\varphi=0^\circ}}=1-\dfrac{0.794}{1+\exp\left(10\cos\varphi-6.43\right)}$（$0^\circ\leqslant\varphi<180^\circ$）　(5-33)

滑坡体同岸顺直河岸段：$\dfrac{r_\omega}{r_{\theta=0^\circ}}=0.4-0.003\exp\left(\dfrac{\sin\omega}{0.216}\right)$（$0^\circ<\omega<90^\circ$）　(5-34)

滑坡体同岸弯曲河岸段：$\dfrac{r_\varphi}{r_{\varphi=0^\circ}}=0.24+0.023\exp\left(\dfrac{\cos\varphi}{0.368}\right)$（$0^\circ<\varphi<180^\circ$）　(5-35)

式(5-32)～式(5-35)的相关系数分别为 R^2=0.98，0.97，0.99，0.99。图 5-26 为预测公式计算结果与实验测量值的对比图。

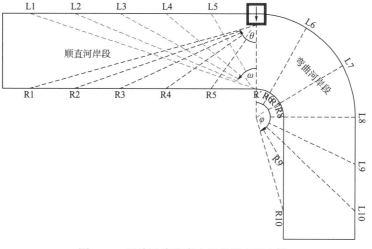

图 5-25　涌浪沿岸爬高空间位置表示方法

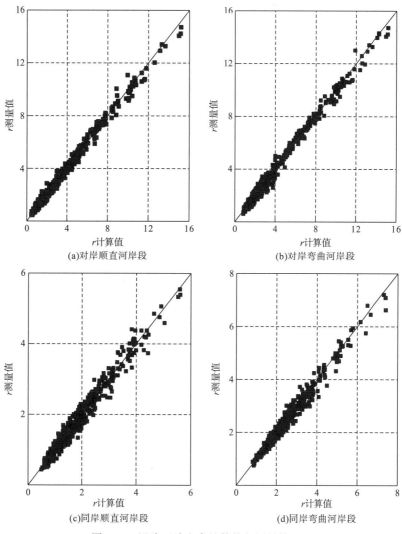

(a)对岸顺直河岸段　　(b)对岸弯曲河岸段

(c)同岸顺直河岸段　　(d)同岸弯曲河岸段

图 5-26　沿岸涌浪爬高计算值与测量值对比

5.5.3 实例分析

通过 "6·24" 重庆巫山红岩子滑坡现场收集的爬高资料对最大爬高修正公式及爬高沿岸衰减规律的准确性进行验证，如图 5-27 所示，在大宁河客运码头和旅游码头之间的沟壑中观测到最大涌浪爬高为 6.2m。根据现场资料，红岩子滑坡近场涌浪高度约为 6.0m，滑坡体入水处距对岸大约 1200m，大宁河水深约 25m，涌浪到达近岸区附近的高度大约为 2.1m，考虑到浅水变形影响，岸上涌浪高度取 2.3～2.4m。则根据式(5-31)计算得到最大爬高为 5.94～6.27m，与实际测量结果接近，且最大爬高位置在滑坡体中轴线附近，印证了本书的结论。此外，涌浪沿红叶酒店周围的爬高为 4.7～5.4m，而此处河岸地理位置恰好处在一处凸起的河道地形上，角度 φ 约为 35°。根据式(5-33)得到 $r_\varphi / r_{\max} = 0.88$，因此红叶酒店处的涌浪爬高计算值为 5.45m，与实际观测值吻合较好。由涌浪沿岸爬高衰减公式算得滑坡体对岸涌浪爬高在 1m 以上的岸线长度约为 4km，由于这一带港口码头较多，因此，当实际滑坡发生后，涌浪传播到对岸时导致多艘停靠船只被冲上岸，受到不同程度的损坏，所以本书给出的沿岸爬高公式可对涌浪发生时的危险爬高区域进行划分。

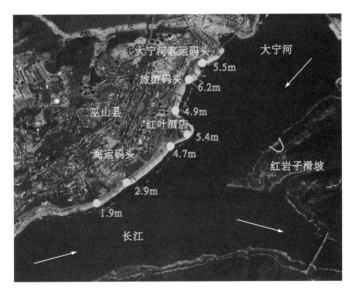

图 5-27　红岩子滑坡涌浪沿岸爬高记录

第6章 滑坡涌浪近场波特征及其传播规律

6.1 滑坡涌浪近场波形分析

根据 Noda[19] 的二维块体滑坡模型实验以及 Fritz[2] 的二维散体滑坡模型实验研究结果发现，近场区涌浪波形可分为弱非线性振荡波、非线性过渡波、类孤立波和涌波四种，如图 6-1 所示，每种波形的产生取决于滑坡相对弗劳德数 Fr 和相对滑坡体厚度 S。经研究发现：滑动速度较慢且厚度较薄的滑坡体入水后会产生非线性振荡波，相反滑速快并且厚度大的滑坡体入水后易产生涌波，而非线性过渡波和孤立波的产生情况则介于这两者之间。

与二维模型不同，Mohammed 等[60]在研究三维涌浪近场波形时只观测到了非线性振荡波和非线性过渡波两种波形。出现这种情况的主要原因是，在三维模型中，由于缺少侧向约束，使得滑坡体入水后迅速向四周扩散，导致相对滑坡体厚度大大减小，而相对滑坡体厚度又是决定涌浪近场波形的重要因素，因此才出现了只有两种波形的情况。在本书三维散体模型实验中，除在深水区观测到以上两种波形外，当 Fr 和 S 满足一定条件时还在浅水区首次观测到三维涌波波形(图 6-2)，这是因为当滑坡体滑入浅水时，由于水深比滑坡体厚度小，且滑坡体在极短时间内就触碰到水底，其向外扩散程度远小于深水滑坡，因此保持了较高的相对厚度。由于前导波波幅尺度远大于后续拖尾波列，因此对近场涌浪波形的分类主要是基于对涌浪波列中前两到三个波的波剖面测量得到的。此外，本章滑坡涌浪波形图是实验数据在经过快速傅里叶变换(FFT)平滑后得到的，以减小和消除波形信号中的随机起伏波动，提高信噪比。

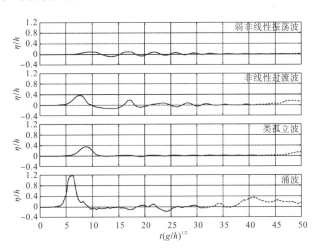

图 6-1 二维滑坡涌浪近场观测波形

　　非线性振荡波的特征是初始主波过后是一个色散振荡波列，这些波具有很强的频散特性，在传播过程中会拉伸波列并在短时间内会增强拖尾波列。当滑坡体前缘冲击水体产生初始涌浪后，尾波则是由后缘变薄的滑坡体缓慢流入水体以及冲击区岸线周期性振荡而产生的叠加，图 6-2(a) 是在实验条件为 Fr=0.736，S=0.17，V=0.19，h=1.16m，α=40°时记录到的一列非线性振荡波，实验中观测到的非线性振荡波形是发生在相对较薄且滑动缓慢的滑坡体情况下。相对于非线性振荡波来说，非线性过渡波的特征是一个较长的初始波谷将初始波峰和随后的弱色散波列分隔开，图 6-2(b) 是在实验条件为 Fr=1.625，S=0.81，V=2.22，h=0.74m，α=60°时记录到的一列非线性过渡波，实验中观测到的非线性过渡波形是发生在相对较厚且滑动较快的滑坡体情况下，当滑坡体前缘冲击水体产生初始涌浪后，弱色散尾波列主要是通过冲击区岸线周期性振荡产生的。在涌浪传播过程中，由于高度非线性和色散性，由不同频率波叠加而成的近场涌浪各个频率的波逐渐分散开，其中前导波随着传播距离的增加而衰减，但由于频散作用，分散后的前导波可使后续拖尾波列在短时间内得到增强。因此，即使在远离波源的地方，得到增强的尾波依然具有很强的破坏性。除了非线性振荡波与非线性过渡波外，作者在浅水区涌浪实验中还观测到了涌波，如图 6-2(c) 所示，是在实验条件为 Fr=2.13，S=1.5，V=9.375，h=0.4m，α=60°下记录到的涌波波形。涌波通常是波浪传播到近海区域发生卷波破碎后形成的一种波，是具有典型主导波峰的一种非对称波。波前陡、波尾平、掺杂大量空气是涌波的主要特征，据有关资料记载[1]，涌波最大波幅能达到水深的 2.5 倍，因此涌波通常都是发生在非常浅的水域范围中。

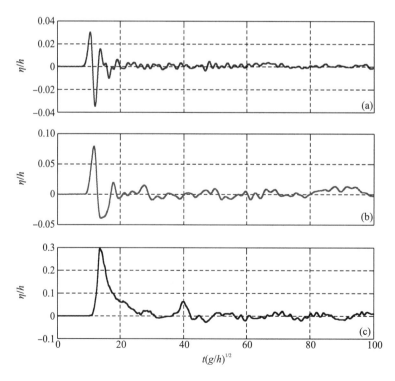

图 6-2　三维岩质滑坡涌浪近场观测波形

根据作者实验结果得到的非线性振荡波、非线性过渡波以及涌波的分布区域如图 6-3 所示。与 Mohammed 和 Fritz[60]的三维散体滑坡涌浪模型研究结果相比，岩质滑坡涌浪从非线性振荡波到非线性过渡波的转变需要更高的 Fr 及 S 值。从图中可以看出，"快而厚"的滑坡体入水后更容易产生非线性过渡波，而滑坡体厚度大于水深的浅水滑坡甚至会产生涌波。

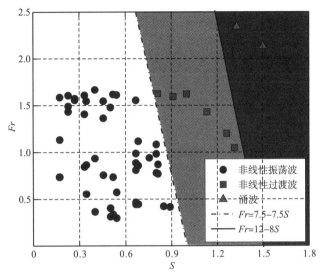

图 6-3　三维岩质滑坡涌浪近场波形分区

6.2　近场区域涌浪波幅衰减

通过研究发现，线性波波幅是等分的[18]，即波峰振幅与波谷振幅大小相等。但由滑坡诱发的涌浪在近场区域几乎都是非线性的，每个波幅的大小和波速都不同，因此应对涌浪波列上的每个波峰和波谷振幅单独进行研究。通常涌浪主波为前一到两个波形，后续拖尾波列则主要是由前导波径向扩散后冲击岸线所引起的周期性振荡产生，其在波幅尺度上远小于主波，因此，本节主要针对初始涌浪波峰和波谷振幅大小及传播衰减规律进行研究。图 6-4 对近场涌浪波幅进行了定义，其中：a_{c1} 为初始波峰振幅(前导波峰)，a_{t1} 为初始波谷振幅，H_1 为初始波高，a_{c2} 为第二波峰振幅，a_{t2} 为第二波谷振幅，H_2 为第二波高，c 为波速，而近场涌浪最大波幅 a_m 即静止水面与最高波峰高程之间的实测间距，与波列位置无关。

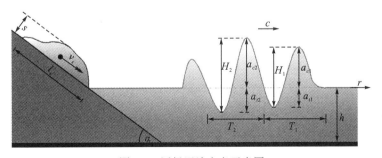

图 6-4　近场涌浪定义示意图

6.2.1 初始波峰振幅衰减规律

近场最大波幅 a_m 预测对涌浪灾害风险评估是至关重要的，Zweifel 等[21]研究发现，在近场涌浪波列中最大波幅往往出现在初始波峰中。在 Heller[1]所做的 211 组二维散体滑坡涌浪模型实验中，仅有 5%左右的近场最大波幅是出现在第二个波峰中。而通过本书实验研究结果发现，只有在深水滑坡涌浪方案中的极少数工况会出现第二波峰振幅大于初始波峰振幅的情况，而最大波谷振幅则全部出现在初始波谷中，由此可见，初始波峰为近场最大波幅的概率非常大。虽然初始涌浪波幅在传播过程中由于色散和阻尼效应而减小，但行进波仍然会给水库周围基础设施带来潜在威胁，这主要取决于行进距离和涌浪特性，因此有必要去研究涌浪在传播过程中的衰减规律。通过布置在弯曲水槽中涌浪传播路径上的 24 组超声波测波仪对三维岩质滑坡涌浪的传播特性进行了研究，在 Fr=0.736，S=0.17，V=0.19，h=1.16m，α=40°的实验条件下，三维涌浪分别沿直道和弯道传播，如图 6-5 所示，其中图(a)～(c)为涌浪沿射线传播角 $\theta = 0°$ 方向的传播过程，三组测波仪距滑坡体入水点的相对距离分别为 $r_1/h = 1.29$，$r_2/h = 3.02$，$r_3/h = 5.17$；图(d)～(f)为涌浪沿射线传播角 $\theta = 40°$ 方向的传播过程，三组测波仪距滑坡体入水点的相对距离分别为 $r_4/h = 4.5$，$r_5/h = 7.43$，$r_6/h = 11.03$。图中灰色阴影部分表示来自岸坡反射的反射波作用。从图 6-5 中可以发现，涌浪在沿顺直河道传播时，初始涌浪始终保持为每个测波仪所测到的整个波列中的最大波幅，后面伴随着一串振荡波列，且不同位置的波形是相似的。而涌浪在沿弯道传播时由于地形变化发生折射，在凸岸附近波向线集中，这种现象称为辐聚，如图 6-6(a)所示，此时涌浪折射系数 $k_r > 1$，波高因折射而增大，所以越靠近凸岸时涌浪传播的衰减速度越小；在凹岸附近波向线分散，这种现象称为辐散，如图 6-6(b)所示，此时波浪折射系数 $k_r < 1$，波高因折射而减小，因此越靠近凹岸时涌浪传播的衰减速度越大。

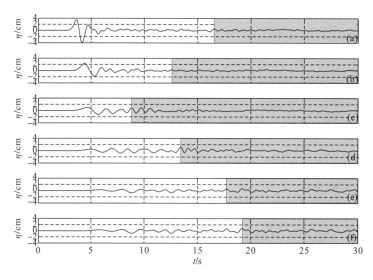

图 6-5　不同测波仪位置下水面高程随时间的变化

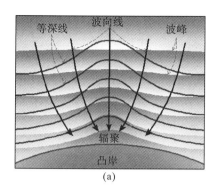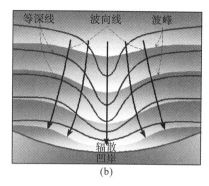

图 6-6　涌浪在弯道处的辐聚和辐散

如 4.3 节所述，三维涌浪在生成区域以半椭圆形离岸扩散，而在同一波面不同径向角方向上的波幅大小也不同，一般滑坡体滑动主方向上的波幅最大，越往两侧波幅越小。在 $Fr=1.625$，$S=0.81$，$V=2.22$，$h=0.74\mathrm{m}$，$\alpha=60°$ 的实验条件下，初始波峰波面和初始波谷波面上波幅沿径向角方向的变化情况如图 6-7 所示。通过对每组实验工况进行分析，发现当径向传播角 θ 在 $\pm75°$ 以内时，初始波峰振幅沿 θ 的变化符合 $(a_{c1})_{\theta}=a_{mc}\left(\cos\theta\right)^{1/4}$，其中 a_{mc} 为初始波峰波面上的最大波幅，即沿滑坡体滑动主方向上的波峰振幅；而初始波谷振幅沿 θ 的变化符合 $(a_{t1})_{\theta}=a_{mt}\left(\cos\theta\right)^{1/2}$。因此，研究三维滑坡涌浪衰减规律不仅要考虑涌浪随传播距离的衰减，还要考虑涌浪沿径向传播角方向上的衰减。

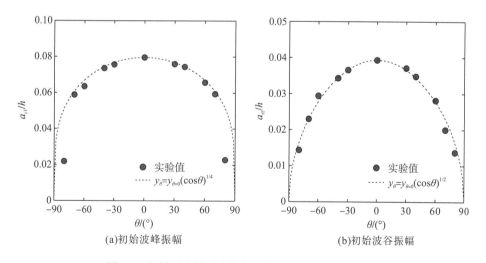

图 6-7　初始涌浪波面上振幅沿径向角方向的变化规律

有关涌浪随传播距离的衰减，Heller 和 Hager[91] 曾通过二维散体模型实验得到涌浪从近场到远场的传播衰减规律：

$$A(X)=3/5\left(PX^{-1/3}\right)^{4/5} \tag{6-1}$$

式中，$A=a_m/h$ 为相对最大波幅；$P=F_s S^{1/2} M^{1/4}\left[\cos(6/7)\alpha\right]^{1/2}$ 为涌浪产生参数；$X=x/h$ 为相对传播距离。在 Miller 等[57]针对细长散体滑坡所做的二维涌浪模型实验中，发现涌浪波幅的衰减是 $PX^{-1/3}$ 的函数，形式与式(4-1)类似。

Mohammed 和 Fritz[60]通过三维散体模型实验得到初始波峰振幅从近场到远场的传播衰减规律：

$$A(X)=k_{ac1}\left(\frac{r}{h}\right)^{n_{ac1}}\cos\theta \tag{6-2}$$

式中，$k_{ac1}=0.31F_s^{2.1}S^{0.6}$ 为波生成函数；$(r/h)^{n_{ac1}}\cos\theta$ 为振幅衰减函数，包括径向距离衰减以及径向传播角衰减；$n_{ac1}=-1.2F^{0.25}S^{-0.02}B^{-0.33}$。

Panizzo 等[45]通过三维箱体滑坡涌浪模型实验得到初始波高的传播衰减规律：

$$\frac{H_1}{h}=0.07t_s^{*-0.3}A_w^{*0.88}\left(\sin\alpha\right)^{-0.8}\exp\left(1.37\cos\theta\right)\left(\frac{r}{h}\right)^{-0.81} \tag{6-3}$$

式中，A_w^* 为无量纲滑坡体横截面，记为 $A_w^*=bs/h^2$；t_s^* 为无量纲滑坡体水下运动时间，其表达式为

$$t_s^*=0.43\left(\frac{bs}{h^2}\right)^{-0.27}F_s^{-0.66}\left(\sin\alpha\right)^{-1.32} \tag{6-4}$$

Tang 等[39]通过二维粒-块体组合体滑坡涌浪模型实验得到初始涌浪波峰振幅的传播衰减规律：

$$\frac{A(X)}{a_m}=\exp\left(-0.02x/h\right) \tag{6-5}$$

从以上前人研究的二维或三维滑坡涌浪衰减规律中可以发现，无论是二维涌浪还是三维涌浪，初始波幅都随传播距离成幂函数或指数函数衰减。此外，初始涌浪都是先在近场区域剧烈衰减而后逐渐过渡到远场区域缓慢衰减，而涌浪的衰减主要是波的非线性以及频散效应所致。除上述衰减规律外，从本书实验结果中还发现，三维涌浪沿径向传播距离 r 的衰减在很大程度上只依赖于生成区初始波幅的大小，与水深以及滑坡体入水角度的变化无关。为了证实这种说法，图 6-8 和图 6-9 分别给出了顺直河段与弯曲河段初始波峰振幅随径向传播距离的变化，其中 A/a_{cm} 为沿程每个测波仪记录的初始波峰振幅 A 与近场涌浪生成区初始波峰振幅 a_{cm} 的比值，r/r_{cm} 为相对径向传播距离，虚线表示用最小二乘法得到的初始波峰径向衰减规律拟合曲线。如图 6-8 所示，在顺直河段初始波峰振幅沿径向传播角方向的衰减曲线服从公式：

$$A/a_{cm}=\left(r/r_{cm}\right)^{-1.3} \tag{6-6}$$

而在弯曲河段，由于地形突变导致涌浪在传播过程中出现折射与绕射的影响，导致涌浪衰减速度增大。根据图 6-9 可以得到弯曲河段初始波峰振幅沿径向传播角方向的衰减规律：

$$A/a_{cm}=\left(r/r_{cm}\right)^{\frac{-1.3}{\sqrt{\cos\theta}}} \tag{6-7}$$

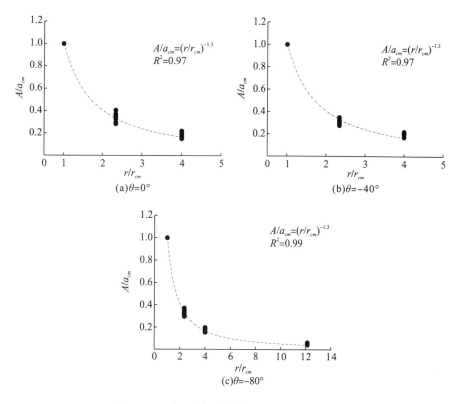

图 6-8　顺直河段初始波峰振幅径向衰减规律

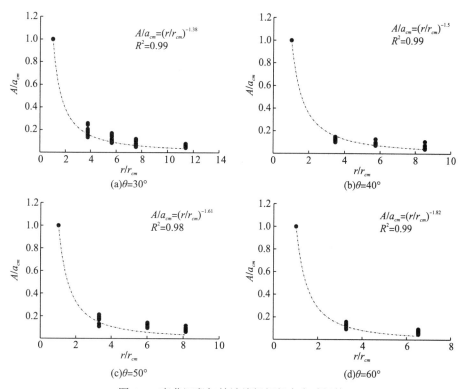

图 6-9　弯曲河段初始波峰振幅径向衰减规律

通过以上分析，结合 4.3 节静水条件下三维近场最大波幅的理论表达式，可将三维岩质滑坡涌浪初始波峰振幅的衰减公式表示为

$$\frac{a_{c1}}{h}=\left(\sqrt{1+\frac{2\rho_s sbv_s^2\cos\alpha L}{\rho gh^2 K}}-1\right)f_1\left(\frac{r}{r_{cm}},\theta\right)f_2\left(R'\right) \tag{6-8}$$

式中，$f_1\left(\dfrac{r}{r_{cm}},\theta\right)$ 为波幅衰减函数，分别考虑了初始波峰沿径向传播距离 r 以及径向传播角 θ 方向的衰减；$f_2\left(R'\right)$ 为淹没率影响函数。再经过多变量回归分析，得到三维岩质滑坡涌浪初始波峰振幅分别沿顺直河段以及弯曲河段的径向衰减规律半经验公式：

顺直河段：$\dfrac{a_{c1}}{h}=\left(\sqrt{1+\dfrac{2\rho_s sbv_s^2\cos\alpha L}{\rho gh^2 K}}-1\right)\left(\dfrac{r}{r_{cm}}\right)^{-1.3}\left(\cos\theta\right)^{1/4}\left(R'\right)^{m_{c1}}$ (6-9)

弯曲河段：$\dfrac{a_{c1}}{h}=\left(\sqrt{1+\dfrac{2\rho_s sbv_s^2\cos\alpha L}{\rho gh^2 K}}-1\right)\left(\dfrac{r}{r_{cm}}\right)^{\frac{-1.3}{\sqrt{\cos\theta}}}\left(\cos\theta\right)^{1/4}\left(R'\right)^{m_{c1}}$ (6-10)

式中，m_{c1} 为浅水滑坡淹没率对波幅的影响系数，其表达式为

$$m_{c1}=0.6F^{-0.35}S^{0.21}B^{0.08} \tag{6-11}$$

将实验中测量到的初始波峰振幅与式(6-9)和式(6-10)计算得到的结果进行比较，如图 6-10 所示，相关系数为 0.92，图中的虚线代表 ±30% 的误差阈。从图中可以发现，波幅预测的准确性从波列的前部向后部减小，且对浅水滑坡初始波峰振幅预测的离散程度大于深水滑坡情况。

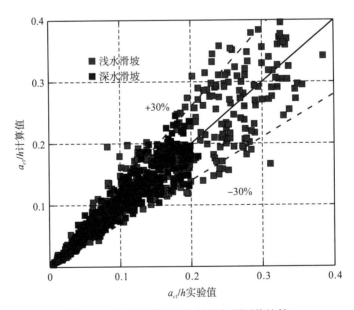

图 6-10 初始波峰振幅实验值与预测值比较
文后附彩图

6.2.2 初始波谷振幅衰减规律

滑坡涌浪最大波高 H_m 被定义为最大波峰与相邻波谷间的垂直距离，而最大波高对计算涌浪沿岸爬高或者翻坝时的溢流量都至关重要。由于初始涌浪波峰和波谷的成因不同，因此在研究了初始波峰振幅的衰减后，本小节单独研究初始波谷振幅的衰变规律，而两者之间的垂直距离即为近场涌浪最大波高。前文曾提到涌浪初始波谷是滑坡在穿过水面后，水体被滑坡体"拖拽"致使水面下降所形成的。因此，初始波谷振幅的大小主要取决于水面塌陷的持续时间，而塌陷的持续时间则取决于滑坡体的速度、长度和水深之间的关系[97]。虽然对于散体滑坡，其滑坡体在下滑时内部会产生速度梯度，但由于初始波峰和波谷都是由滑坡体前缘部分作用水体后产生，而滑坡体后缘被拉长的薄体部分入水后则产生后续的拖尾波列。因此，本书近似采用滑坡体前缘速度作为初始涌浪波谷的诱发速度，则初始波谷振幅产生所需的最大时间为

$$t_{max} = \frac{h}{v_s \sin\alpha} + \frac{l_s}{2v_s} - \frac{X_P}{\sqrt{(1+a_{c1}/h)gh}} \tag{6-12}$$

式中，第一项 $h/(v_s\sin\alpha)$ 为滑坡体前缘在水中的运动时间，记为 t_1，其中 h 为静水水深，α 为山体倾角；第二项 $l_s/(2v_s)$ 为 1/2 滑坡体入水所需时间，记为 t_2，其中 l_s 为滑坡入水时的长度；第三项 $X_P/\sqrt{(1+a_{c1}/h)gh}$ 为初始波峰振幅生成时间，记为 t_3，其中 X_P 为滑坡体滑动主方向上初始波峰距滑坡体入水点处的距离，$\sqrt{(1+a_{c1}/h)gh}$ 则是根据文献[60]得到的散体滑坡初始波峰的近似波速，而关于岩质滑坡涌浪波速将在下一节中具体分析。

这里引入两处临界水深：临界浅水水深 h_{min} 和临界深水水深 h_{max}。当滑坡体入水点处水深 $h \leqslant h_{min}$ 时，$t_1 \ll t_2$，则 $t_{max} \approx t_2 - t_3$；当滑坡体入水点处水深 $h \geqslant h_{max}$ 时，$t_1 \gg t_2$ 和 t_3，则 $t_{max} \approx t_1$；当 $h_{min} < h < h_{max}$ 时，t_{max} 用一个三次多项式来近似表达，即 $t_{max} = \sum_{n=0}^{3} a_n h^n$，则 h_{min} 应该为使多项式函数 $\partial_h t_{max}(h_{min}) = 0$ 的值，因此：

$$h_{min} = \left[\frac{(X_P v_s \sin\alpha)^2}{4g} \right]^{1/3} - a_{c1} \tag{6-13}$$

当 $h > h_{max}$ 时，定义 $t_{max}(h_{max}) = \varepsilon t_1(h_{max})$，其中 ε 为常数，则 $\partial_h t_{max}(h_{max}) = \partial_h \varepsilon t_1(h_{max})$，因此：

$$h_{max} = \left[\frac{(X_P v_s \sin\alpha)^2}{4(\varepsilon-1)^2 g} \right]^{1/3} - a_{c1} \tag{6-14}$$

在点 $[h_{min}, t_{max}(h_{min})]$ 和点 $[h_{max}, t_{max}(h_{max})]$ 处切线的斜率分别为 0 和 $1/(v_s\sin\alpha)$，采用连续逼近法，根据实验结果，最终取 $\varepsilon = 1.25$。

通过研究发现，散体滑坡体入水后其前缘速度随着运动距离的增加先缓慢减小，再迅速减小，直至到达河床底部停止，此过程如图 6-11 所示，图中空心圆点处为滑坡体加速

度发生改变的位置，在此处滑坡体由近匀速运动变为近匀减速运动。基于上述分析结果，将滑坡体前缘在水中的运动速度分三种情况：①当 $h \leqslant h_{\min}$ 时，由于滑坡体在水下的运动时间极短，可将滑坡体在水下的运动过程视为在滑坡体触碰到河底停止运动前都以入水时速度 v_s 做匀速运动，如图 6-11 中阶段 I；②当 $h \geqslant h_{\max}$ 时，由于滑动距离长，可将滑坡体在水下的运动过程视为匀减速运动，如图 6-11 中阶段 II，则滑坡体在水下沿斜坡的平均运动速度为 $v_s / 2$；③当 $h_{\min} < h < h_{\max}$ 时，既要考虑近匀速运动阶段 I，又要考虑近匀减速运动阶段 II，利用文献[59]对散体滑坡体水下运动的观测数据，得到滑坡体水下运动的平均速度近似等于 $\sqrt{3} v_s / 3$。则基于上述分析，初始波谷产生时间的计算公式为

$$t_{t1} = \frac{l_s}{2v_s} - \frac{X_P}{\sqrt{(1 + a_{c1} / h) gh}} \qquad (h \leqslant h_{\min}) \qquad (6\text{-}15)$$

$$t_{t1} = \frac{\sqrt{3}h}{v_s \sin\alpha} + \frac{\sqrt{3}l_s}{2v_s} - \frac{X_P}{\sqrt{(1 + a_{c1} / h) gh}} \qquad (h_{\min} < h < h_{\max}) \qquad (6\text{-}16)$$

$$t_{t1} = \frac{2h}{v_s \sin\alpha} \qquad (h \geqslant h_{\max}) \qquad (6\text{-}17)$$

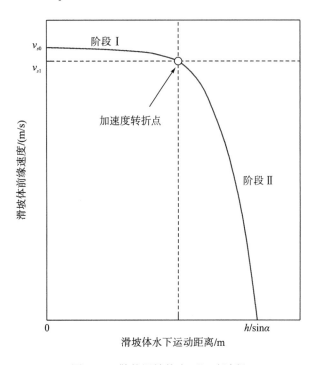

图 6-11　散体滑坡体水下运动过程

此外，通过实验还发现，不论深水区域还是浅水区域，初始波谷振幅始终随水深的减小而减小，这与初始波峰振幅随水深的变化不同。初始波谷的这一特性也印证了 t_{t1} 对初始波谷振幅影响巨大，而且前文对涌浪近场波形的分析中也曾提到，只有当滑坡体滑入浅水时才有可能出现类孤立波或涌波波形，然而这两种波形的波谷振幅大小是可以忽略不计

的。通过以上分析，初始波谷的参数方程可表示为

$$\frac{a_{t1}}{h} = k_{at1}\left(\frac{r}{r_{cm}}\right)^{n_{at1}}\cos\theta \tag{6-18}$$

式中，k_{at1} 为初始波谷产生机理函数；n_{at1} 为波幅随径向传播的衰减率。通过深水滑坡与浅水滑坡涌浪实验结果发现，当 $h \leqslant h_{\min}$ 时 k_{at1} 的表达式与 $h > h_{\min}$ 时是不同的，通过多变量回归分析，得到初始波谷振幅的生成函数：

$$k_{at1} = 0.4Fr^{0.3}S^{0.26}T^{-1.4} \qquad (h > h_{\min}) \tag{6-19}$$

$$k_{at1} = 0.033Fr^{0.09}S^{-0.07}T^{0.6} \qquad (h \leqslant h_{\min}) \tag{6-20}$$

式中，$T = t_{t1}\sqrt{gh}/l$ 为无量纲时间参数；$Fr = v_s/\sqrt{gh}$ 为滑坡相对弗劳德数；$S = s/h$ 为相对滑坡体厚度。

实验中发现，无论是深水滑坡还是浅水滑坡，初始波谷振幅随径向传播距离也服从幂函数衰减。图 6-12 和图 6-13 分别给出初始波谷振幅沿顺直河段以及弯曲河段的衰减规律，其中 A/a_{tm} 为沿程每个测波仪记录的初始波谷振幅 A 与近场涌浪生成区初始波谷振幅 a_{tm} 的比值，r/r_{tm} 为相对径向传播距离，虚线表示用最小二乘法得到的初始波谷径向衰减规律拟合曲线。如图 6-12 所示，在顺直河段初始波谷沿径向传播距离的衰减规律服从公式：

$$A/a_{tm} = (r/r_{tm})^{-1.0} \tag{6-21}$$

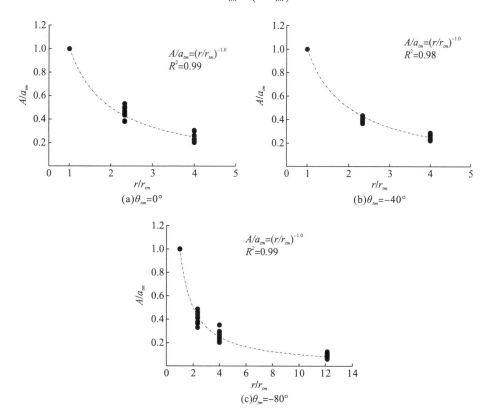

图 6-12 顺直河段初始波谷振幅径向衰减规律

而在弯曲河段，由于地形突变导致涌浪在传播过程中出现折射与绕射的影响，导致涌浪衰减速度增大。如图 6-13 所示，弯曲河段初始波谷振幅沿径向传播距离的衰减规律服从公式：

$$A / a_{cm} = \left(r / r_{cm} \right)^{-\frac{1}{\sqrt{\cos \theta}}} \tag{6-22}$$

由此可知，初始波峰的衰减速度快于初始波谷。结合式(6-18)～式(6-22)可对岩质滑坡涌浪初始波谷的径向衰减进行计算。将实验中测量到的初始波谷振幅与上述公式计算结果进行比较，如图 6-14 所示，相关系数为 0.91，图中的虚线代表 ±30% 的误差阈。

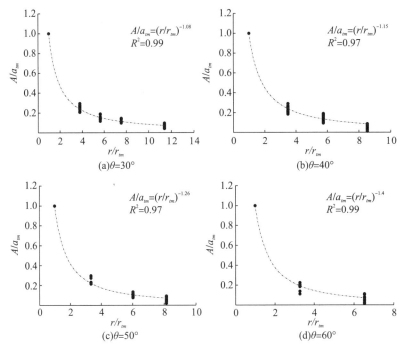

图 6-13   弯曲河段初始波谷振幅径向衰减规律

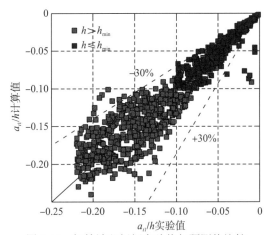

图 6-14   初始波谷振幅实验值与预测值比较

文后附彩图

6.3 滑坡涌浪传播速度分析

涌浪波速是预测涌浪从生成区传播到特定位置所需时间的一个重要参数,对于发布和取消应急警报以及疏散工作至关重要。表 6-1 给出了线性波波速的相关计算公式,利用线性色散关系, 在已知波周期和水深的前提下, 即可计算出线性波波速。然而, 只有当 $a/h<0.03$ 时才能用线性波理论对涌浪进行分析,而本书实验测量结果显示整个波场范围内 $0.0006<a/h<1.04$(包括近岸涌浪浅水变形结果),其中近场区域 $0.009<a/h<0.4$。实验中由浅水滑坡诱发的近场涌浪全部是非线性的,而由深水滑坡诱发的涌浪只有在滑坡体滑入极深水时才会在近场出现线性波情况,随着涌浪从近场向远场传播,所有波幅都逐渐向线性波转变。在非线性区域,涌浪波速还依赖于相对波幅 a/h 或相对波高 H/h,此外,涌浪通常在中等水深过渡波与浅水波范围之间,这也导致高阶项对涌浪特征的影响程度增加。由于前导波(通常指初始涌浪或初始和第二涌浪)的波峰与波谷是相对独立产生的,每个独立波峰和波谷都有自己的局部波长,并且以独立的波速径向传播。因此,与孤立波相比,滑坡涌浪在传播运动过程中的参照系是不稳定的,在研究涌浪波速时应分别考虑每个振幅的情况。

表 6-1 从深水向浅水过渡的线性波特征表

波特征	深水波	中等水深波(过渡波)	浅水波
相对波长	$\dfrac{L}{h}<2$	$2\leqslant\dfrac{L}{h}\leqslant20$	$\dfrac{L}{h}>20$
波速	$c=\dfrac{gT_w}{2\pi}$	$c=\dfrac{gT_w}{2\pi}\tanh kh$	$c=\sqrt{gh}$
波群速度	$c_{gr}=\dfrac{c}{2}$	$c_{gr}=\dfrac{c}{2}\left(1+\dfrac{2kh}{\sinh 2kh}\right)$	$c_{gr}=c$
波长	$L=\dfrac{gT_w^2}{2\pi}$	$L=\dfrac{gT_w^2}{2\pi}\tanh kh$	$L=T_w\sqrt{gh}$
破碎条件	$\dfrac{H_b}{L}>0.142$	$\dfrac{H_b}{L}>0.142\tanh kh$	$\dfrac{H_b}{L}>0.88$

实验中,通过两组测波仪的间距以及涌浪在两者间的传播时间来计算单个波峰与波谷沿射线方向的传播速度,因此计算得到的波速实际上是两组波高仪间的平均波速,即 $c=\Delta x/\Delta t$。此外,对波速的测量仅限于涌浪到达水槽岸坡反射前的波高仪记录结果,由于拖尾波列在整个涌浪传播过程中对灾害影响程度很轻,所以本书只对初始和第二涌浪的波峰与波谷进行波速分析。通过实验结果,得到前导波的无量纲相位波速范围如下:

$$初始波峰:\quad 0.7<c_{c1}/\sqrt{gh}<1.4 \tag{6-23}$$

$$初始波谷:\quad 0.6<c_{t1}/\sqrt{gh}<1.1 \tag{6-24}$$

第二波峰：$0.5 < c_{c2}/\sqrt{gh} < 1.1$ （6-25）

第二波谷：$0.4 < c_{t2}/\sqrt{gh} < 1.0$ （6-26）

式中，初始涌浪波峰与波谷的平均波速分别为 0.99 和 0.90；第二涌浪波峰与波谷的平均波速为 0.78 和 0.68。由此可知，初始波谷的平均波速比初始波峰慢 17.8%，第二涌浪的平均波速比初始涌浪慢 19%～23%，而从初始涌浪到第二涌浪间的波速减小是由中浅水深波的频散造成的。在一些 Fr 和 S 较大的实验工况中（通常为浅水环境下），测量到的初始波峰波速比浅水线性波波速公式（$c = \sqrt{gh}$）计算的结果高出 12%～25%。通过前人研究，总结发现初始涌浪具有类似于孤立波一样的传播特性[59]，则初始波峰的波前速度用孤立波波速公式可表示为

$$\frac{c_{c1}}{\sqrt{gh}} = 1 + \frac{a_{c1}}{2h}$$ （6-27）

Grilli 等[98]曾给出孤立波的破碎极限为 $H/b = 0.78$，因此理论上由式（6-27）计算的涌浪波速最高可比由浅水线性波波速公式计算的结果多出 39%。所以，如果孤立波波速公式适用于初始涌浪波速，那么前导波波峰将会比浅水线性波波速计算结果更早到达指定地点。图 6-15 为实验测量的初始涌浪与第二涌浪近场无量纲波速随相对波幅 a/h 的变化，其中黑色虚线为式（6-27）计算得到的孤立波波速（无量纲相位波速）。

从图 6-15（a）中发现，初始波峰的传播速度除在极深水滑坡条件下（$a/h<0.05$）会在浅水线性波无量纲相位波速（$c_{c1}/\sqrt{gh} = 1.0$）上出现较大幅度的振荡外，其他时候的波速与孤立波波速非常接近；而初始波谷的传播速度则大部分在孤立波波速以下，虽然可以粗略地用孤立波波速来进行计算，但本书建议取其平均波速，如图 6-15（a）中灰色虚线。与初始涌浪相比，第二涌浪波峰与波谷的传播速度明显降低，且都在浅水线性波波速以下，但在近场区第二涌浪大多也是非线性的。因此，无论是线性波波速公式还是孤立波波速公式都无法计算第二涌浪，所以本书依然采取平均无量纲相位波速的原则对第二涌浪波速进行拟合，最后分别得到初始波谷、第二波峰及第二波谷的波速计算公式：

$$\frac{c_{t1}}{\sqrt{gh}} = 0.9\left(1 + \frac{a_{t1}}{2h}\right)$$ （6-28）

$$\frac{c_{c2}}{\sqrt{gh}} = 0.78\left(1 + \frac{a_{c2}}{2h}\right)$$ （6-29）

$$\frac{c_{t2}}{\sqrt{gh}} = 0.68\left(1 + \frac{a_{t2}}{2h}\right)$$ （6-30）

波速从初始涌浪到第二涌浪逐渐减小，这是由整个涌浪波列从前往后波长减小所产生的频散效应造成的，因此后续尾波波速会在第二波谷传播速度的基础上继续递减。

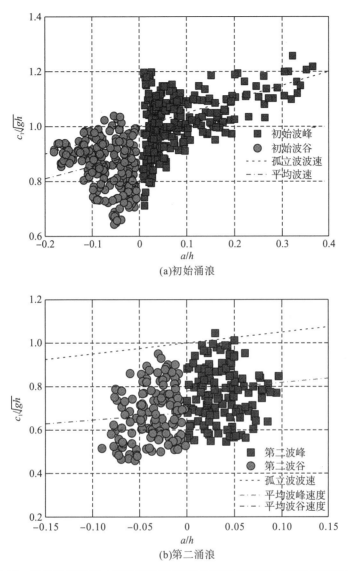

(a)初始涌浪

(b)第二涌浪

图 6-15　初始涌浪和第二涌浪近场波速(无量纲相位波速)与相对波幅的关系
文后附彩图

6.4　涌浪周期与波长

受水上滑坡体扰动的水体总是从静水表面开始逐渐上升形成涌浪,因此定义初始涌浪周期 T_1 为水面第一次开始上升到第二次升起之间的历时,第二涌浪周期 T_2 为水面第二次开始上升到第三次升起之间的历时,过程如图 6-4 所示,实验中 T 值可从测波仪中直接得到。需要注意的是,由于岸坡对涌浪的反射作用,有些近岸布设的测波仪记录的波形线受反射波影响,因此测量到的前导波周期及波长是入射波与反射波叠加后的结果,对于这样的情况应禁止使用。此外,Mohammed[59]通过三维散体模型发现,三维涌浪周期沿射向角方向是不变的,因此在传播过程中会产生一个恒定的径向波前,此结论在本书模型实验结果中也得到了验证,所以涌浪周期只与滑坡影响参数及径向传播距离有关。借鉴文献[60]提出的三维散体滑坡涌浪波周期预测方程,通过多元回归分析得到深水滑坡初始涌浪和第二涌浪周期的经验公式:

$$T_1\sqrt{\frac{g}{h}} = 3.7Fr^{0.36}S^{0.14}L^{0.06}\left(\frac{r}{h}\right)^{0.33} \tag{6-31}$$

$$T_2\sqrt{\frac{g}{h}} = 1.4Fr^{0.12}S^{0.11}L^{0.04}\left(\frac{r}{h}\right)^{0.27} \tag{6-32}$$

以上两式的相关系数分别为 0.94 和 0.89,式中 Fr 为滑坡相对弗劳德数;S 为相对滑坡体厚度;L 为相对滑坡体长度;r 为径向传播距离。从波周期的经验公式可以看出,滑坡相对弗劳德数对三维径向涌浪周期影响最大。在绝大多数情况下,在涌浪从近场传向远场的过程中,由于色散效应影响,整个波列被拉长,波长也随着传播距离的增加而逐渐增大,因此波周期也随之增加。

式(6-31)和式(6-32)是基于实验中测量到的非线性振荡波与非线性过渡波周期拟合结果,因此对于只在极浅水情况下才出现的三维涌波会计算失效。当滑坡体滑入极浅水时,在生成区将出现涌波,涌波与类孤立波相似,只有一个陡峭的行波单峰由近场传向远场,而后续振荡尾波的数量级较初始波峰小很多,影响可以忽略。由于纯粹孤立波的全部波剖面都在静水面以上,因此波长为无限大。

在物理空间中,波长是指相邻两个相位相差 2π 的点的水平距离,通常是相邻的波峰、波谷或对应的过零点。根据线性波理论,波长 L 可以被定义为波速与周期的乘积,即 $L=cT$,但这种方法仅适用于瞬态波且运动必须是稳定的,即波速保持不变。对于滑坡诱发的涌浪来说,波列中不同单波的波速与周期是变化的,因此根据线性波理论进行计算会产生偏差。本书中测量的波速为每个单波(波峰、波谷)的平均波速,周期则是通过零点上交叉法测量的,由此前导波的波长可表示为

$$\frac{L_i}{h} = T_i\sqrt{\frac{g}{h}}\frac{c_i}{\sqrt{gh}} \tag{6-33}$$

式中,i 表示波列中从前到后的波数,从所观测到的波列中发现涌浪尾波波长大约为前导波波长的 1/3~1/4,且波长会从波列前部向后部减小。

6.5　涌浪非线性分析

涌浪的非线性程度往往决定了与其相应的理论研究方法,这对于从理论上揭示涌浪的一些基本属性至关重要,以往人们已经通过大量研究证明了滑坡涌浪在绝大多数情况下属于非线性波,且越靠近近场区域,涌浪非线性程度越高。通过 Fritz 等[99]对滑坡涌浪的研究,提出用波陡(H/L)、相对波高(H/h)以及厄塞尔(Ursell)数三个参数来分别估计深水波($L/h<2$)、浅水波($L/h>20$)和中等水深波($2 \leqslant L/h \leqslant 20$)的非线性程度。经过大量研究

分析，已经可以基本确定滑坡涌浪属于中等水深波范畴，而本书三维岩质滑坡模型实验结果也再次印证了这一结论，如图 6-16 所示，除水深 h=1.16m 时有少数在近场区 $L/h<2$ 外，绝大部分涌浪在生成区以及传播过程中都满足 $2 \leqslant L/h \leqslant 20$，即符合中等水深波条件。而在中等水深条件下，与涌浪非线性程度最相关的是 Ursell 数 (U)，$U=(H/L)/(h/L)^3=HL^2/h^3$ 是非线性效应与色散效应的比值。根据 Miles[100] 的研究，当 $U \to 0$ 时适用于线性波理论，而当 $U \approx 1$ 时适用于孤立波理论；Sorensen[101] 在此基础上进一步得出当 $U>25$ 时，适用于椭圆余弦波理论，而当 $U<10$ 时适用于斯托克斯波理论，如果 $10 \leqslant U \leqslant 25$ 则两组波理论同样有效。图 6-17 展示了初始涌浪 Ursell 数随径向传播距离的演变，从图中可以发现，在浅水区涌浪的 Uresll 数较高，说明浅水区涌浪的非线性程度高于深水区涌浪，这也就揭示了为什么涌波这类高非线性波只出现在三维浅水滑坡模型中，而在以往的深水模型中却未被观测到。

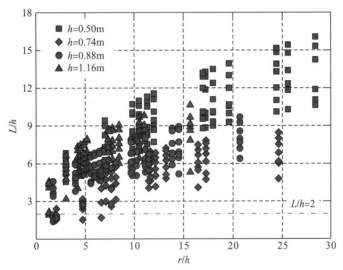

图 6-16　相对初始涌浪波长随相对径向传播距离的变化

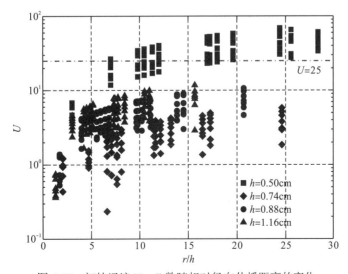

图 6-17　初始涌浪 Ursell 数随相对径向传播距离的变化

第7章 滑坡涌浪经验波场区划及波高变化

7.1 滑坡涌浪经验波场研究目的和方法

本章的研究目的是以实验数据为基础，建立滑坡涌浪经验波场，分析滑坡涌浪传播与衰减的一般规律，科学准确地判断滑坡涌浪的危害范围及程度。研究方法是在采用概化模拟河道进行滑坡涌浪模型实验的基础上，利用张量空间映射的方法，建立波高传递率与初始波高、水深、方位角、传播距离的四维数学模型，形成一个覆盖滑坡涌浪传播范围所有区域，全面反映涌浪波要素沿程变化的经验波场。

7.2 弯曲河道滑坡涌浪经验波场区域划分

根据实验数据，随机选取 10 号工况、11 号工况、12 号工况、13 号工况、14 号工况、15 号工况、16 号工况、17 号工况、18 号工况，各种工况如表 7-1 所示。

表 7-1 波高等值线实验工况选取表

实验工况	滑动面倾角/(°)	河道水深/cm	长度×宽度×厚度
10 号	20	88	100cm×50cm×20cm
11 号	20	88	100cm×50cm×40cm
12 号	20	88	100cm×50cm×60cm
13 号	20	88	100cm×100cm×20cm
14 号	20	88	100cm×100cm×40cm
15 号	20	88	100cm×100cm×60cm
16 号	20	88	100cm×150cm×20cm
17 号	20	88	100cm×150cm×40cm
18 号	20	88	100cm×150cm×60cm

按照选取的工况，绘制不同测点波高在弯曲河道中的平面等值线图，如图 7-1～图 7-9 所示。

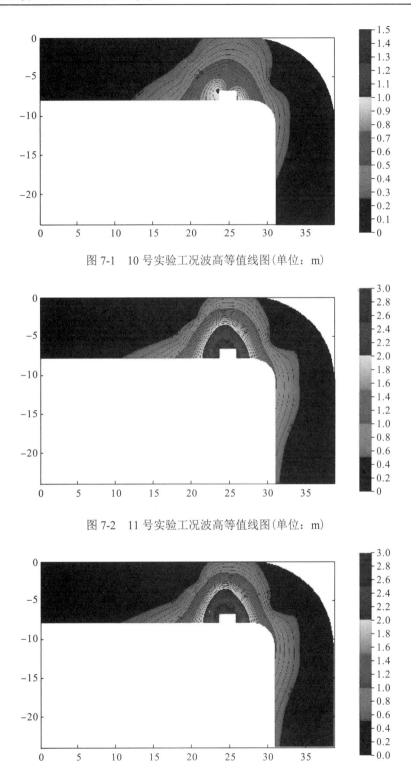

图 7-1 10 号实验工况波高等值线图（单位：m）

图 7-2 11 号实验工况波高等值线图（单位：m）

图 7-3 12 号实验工况波高等值线图（单位：m）

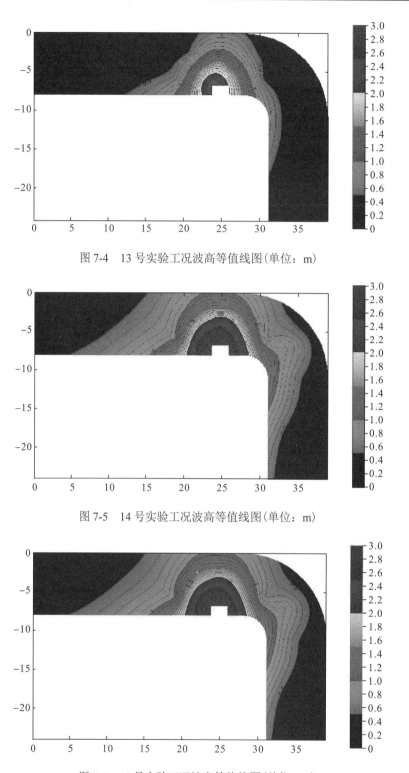

图 7-4   13 号实验工况波高等值线图(单位：m)

图 7-5   14 号实验工况波高等值线图(单位：m)

图 7-6   15 号实验工况波高等值线图(单位：m)

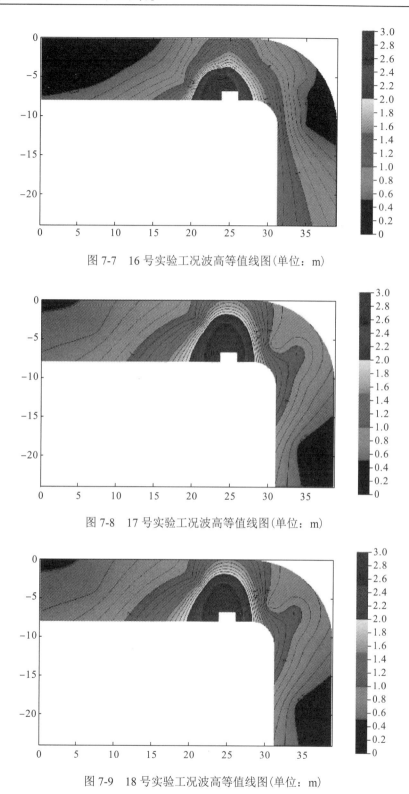

图 7-7 16 号实验工况波高等值线图(单位: m)

图 7-8 17 号实验工况波高等值线图(单位: m)

图 7-9 18 号实验工况波高等值线图(单位: m)

根据波高等值线图，考虑河道形态、滑坡体几何尺度，将沿程涌浪波高的衰减分为四个区域，分别为滑坡体宽度范围内传播区域（B）、滑坡体宽度范围外直道传播区域（A）、弯道衰减传播区域（C）和过弯后衰减传播区域（D），如图 7-10 所示。

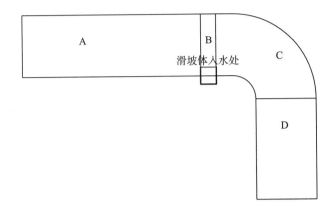

图 7-10　弯曲河道波高衰减区域图

7.3　研究指标的定义

本书以最为显著的波高传递率等作为衡量指标。如图 7-11 所示，相应定义如下：P_k 为波高传递率，是对应位置的波高与初始波高的比值，即 H_i/H_0；x 为相对距离，是实际距离（计算位置到初始波高位置的直线距离）与初始波高的比值，即 r_i/H_0；y 为方位角，规定滑坡处正上方为 0°，顺时针为负，逆时针为正；z 为工况，由初始波高与水深的比值来定义，即 H_0/h。经计算，实验的 80 种工况与比值的关系见表 7-2。

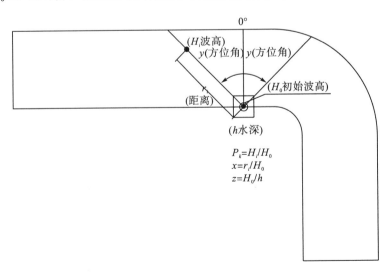

图 7-11　研究指标示意图

表 7-2　实验工况初始波高与水深的比值关系表

工况	滑动面倾角/(°)	长度×宽度×厚度	水深/cm	初始波高/cm	初始波高与水深比值
1 号	20	100cm×50cm×20cm	74	2.7	0.0365
2 号	20	100cm×50cm×40cm	74	3.4	0.0459
3 号	20	100cm×50cm×60cm	74	5.2	0.0703
4 号	20	100cm×100cm×20cm	74	4.1	0.0554
5 号	20	100cm×100cm×40cm	74	6.6	0.0892
6 号	20	100cm×100cm×60cm	74	8.6	0.1162
7 号	20	100cm×150cm×20cm	74	3.2	0.0432
8 号	20	100cm×150cm×40cm	74	6.1	0.0824
9 号	20	100cm×150cm×60cm	74	16.0	0.2162
10 号	20	100cm×50cm×20cm	88	1.5	0.0170
11 号	20	100cm×50cm×40cm	88	4.1	0.0466
12 号	20	100cm×50cm×60cm	88	5.0	0.0568
13 号	20	100cm×100cm×20cm	88	3.6	0.0409
14 号	20	100cm×100cm×40cm	88	5.0	0.0568
15 号	20	100cm×100cm×60cm	88	8.5	0.0966
16 号	20	100cm×150cm×20cm	88	5.9	0.0670
17 号	20	100cm×150cm×40cm	88	6.5	0.0739
18 号	20	100cm×150cm×60cm	88	9.0	0.1023
19 号	20	100cm×50cm×20cm	116	1.2	0.0103
20 号	20	100cm×50cm×40cm	116	2.8	0.0241
21 号	20	100cm×50cm×60cm	116	3.1	0.0267
22 号	20	100cm×100cm×20cm	116	2.0	0.0172
23 号	20	100cm×100cm×40cm	116	6.0	0.0517
24 号	20	100cm×100cm×60cm	116	6.2	0.0534
25 号	20	100cm×150cm×20cm	116	3.8	0.0328
26 号	20	100cm×150cm×40cm	116	6.5	0.0560
27 号	20	100cm×150cm×60cm	116	7.0	0.0603
28 号	40	100cm×50cm×20cm	74	2.8	0.0378
29 号	40	100cm×50cm×40cm	74	4.6	0.0622
30 号	40	100cm×50cm×60cm	74	6.6	0.0892
31 号	40	100cm×100cm×20cm	74	11.5	0.1554
32 号	40	100cm×100cm×40cm	74	16.0	0.2162
33 号	40	100cm×100cm×60cm	74	16.8	0.2270
34 号	40	100cm×150cm×20cm	74	11.4	0.1541
35 号	40	100cm×150cm×40cm	74	16.9	0.2284
36 号	40	100cm×150cm×60cm	74	17.7	0.2392
37 号	40	100cm×50cm×20cm	88	5.0	0.0568
38 号	40	100cm×50cm×40cm	88	4.7	0.0534

续表

工况	滑动面倾角/(°)	长度×宽度×厚度	水深/cm	初始波高/cm	初始波高与水深比值
39 号	40	100cm×50cm×60cm	88	7.8	0.0886
40 号	40	100cm×100cm×20cm	88	6.5	0.0739
41 号	40	100cm×100cm×40cm	88	10.8	0.1227
42 号	40	100cm×100cm×60cm	88	16.6	0.1886
43 号	40	100cm×150cm×20cm	88	14.0	0.1591
44 号	40	100cm×150cm×40cm	88	19.7	0.2239
45 号	40	100cm×150cm×60cm	88	21.2	0.2409
46 号	40	100cm×50cm×20cm	116	6.6	0.0569
47 号	40	100cm×50cm×40cm	116	5.4	0.0466
48 号	40	100cm×50cm×60cm	116	5.9	0.0509
49 号	40	100cm×100cm×20cm	116	6.0	0.0517
50 号	40	100cm×100cm×40cm	116	14.0	0.1207
51 号	40	100cm×100cm×60cm	116	17.0	0.1466
52 号	40	100cm×150cm×20cm	116	11.2	0.0966
53 号	40	100cm×150cm×40cm	116	13.4	0.1155
54 号	40	100cm×150cm×60cm	116	20.0	0.1724
55 号	60	100cm×50cm×20cm	74	3.7	0.0500
56 号	60	100cm×50cm×40cm	74	6.0	0.0811
57 号	60	100cm×50cm×60cm	74	6.5	0.0878
58 号	60	100cm×100cm×20cm	74	7.9	0.1068
59 号	60	100cm×100cm×40cm	74	11.3	0.1527
60 号	60	100cm×100cm×60cm	74	16.1	0.2176
61 号	60	100cm×150cm×20cm	74	7.5	0.1014
62 号	60	100cm×150cm×40cm	74	16.0	0.2162
63 号	60	100cm×150cm×60cm	74	18.5	0.2500
64 号	60	100cm×50cm×20cm	88	3.3	0.0375
65 号	60	100cm×50cm×40cm	88	6.5	0.0739
66 号	60	100cm×50cm×60cm	88	8.7	0.0989
67 号	60	100cm×100cm×20cm	88	5.9	0.0670
68 号	60	100cm×100cm×40cm	88	11.8	0.1341
69 号	60	100cm×100cm×60cm	88	19.3	0.2193
70 号	60	100cm×150cm×20cm	88	15.0	0.1705
71 号	60	100cm×150cm×40cm	88	21.4	0.2432
72 号	60	100cm×150cm×60cm	88	23.5	0.2670
73 号	60	100cm×50cm×20cm	116	3.5	0.0302
74 号	60	100cm×50cm×40cm	116	6.0	0.0517
75 号	60	100cm×50cm×60cm	116	6.4	0.0552
76 号	60	100cm×100cm×20cm	116	6.2	0.0534
77 号	60	100cm×100cm×40cm	116	9.4	0.0810

工况	滑动面倾角/(°)	长度×宽度×厚度	水深/cm	初始波高/cm	初始波高与水深比值
78 号	60	100cm×100cm×60cm	116	17.1	0.1474
79 号	60	100cm×150cm×20cm	116	16.4	0.1414
80 号	60	100cm×150cm×40cm	116	19.4	0.1672
81 号	60	100cm×150cm×60cm	116	23.3	0.2009

7.4　张量分析方法的应用

利用张量空间映射的方法,以实验数据为基础,进行多因素分析。在滑坡体宽度范围内直道、滑坡体宽度范围外直道、弯道衰减区域建立一个全面反映涌浪波要素沿程变化的经验波场。采用张量分析的方法推导多因素影响下涌浪波高传递率经验场的一般模型,具体思路如下。

1. 波高传递率与相对距离二维模型

首先根据物理模型实验数据,研究波高传递率 P_k 与相对距离 x 的关系,建立二维曲线函数模型,建立一阶张量如下:

$$P_k = \int(x) = d^i A_i \tag{7-1}$$

式中,P_k 为波高传递率,是对应位置的波高与初始波高的比值,即 H_i/H_0;x 为相对距离,是实际距离(计算位置到初始波高位置的直线距离)与初始波高的比值,即 r_i/H_0;A_i 为关于相对距离 x 的基函数;d^i 为坐标分量。

2. 波高传递率与方位角、相对距离的三维模型

加入方位角 y 这个维度,即根据物理模型实验数据,在不同方位角 y 的情况下,利用上述各二维曲线之间的函数关系,形成波高传递率 P_k 与方位角 y、相对距离 x 的变化规律,建立三维曲面函数模型,建立二阶张量如下:

$$P_k = \int(x,y) = \sum_{i=1}^{n}\sum_{j=1}^{n} D^{ij} A_i(x) B_j(y) \tag{7-2}$$

式中,P_k 为波高传递率,是对应位置的波高与初始波高的比值,即 H_i/H_0;x 为相对距离,是实际距离(计算位置到初始波高位置的直线距离)与初始波高的比值,即 r_i/H_0;y 为方位角,规定滑坡处正上方为 0°,顺时针为负,逆时针为正;A_i 为关于相对距离 x 的基函数;B_j 为关于方位角 y 的基函数;D^{ij} 为坐标分量。

3. 波高传递率与工况、方位角、相对距离四维模型

最后加入工况 z(即初始波高与水深的比值)这个维度,即根据物理模型实验数据,在不同工况 z 的情况下,利用上述各三维曲面之间的函数关系,形成波高传递率 P_k 与工况 z、方位角 y、相对距离 x 的变化规律,建立四维函数模型,建立三阶张量如下:

$$P_k = \int (x,y,z) = \sum_{i=1}^{n} \sum_{j=1}^{n} \sum_{m=1}^{n} D^{ijm} A_i(x) B_j(y) C_m(z) \qquad (7\text{-}3)$$

式中，P_k 为波高传递率，是对应位置的波高与初始波高的比值，即 H_i/H_0；x 为相对距离，是实际距离(计算位置到初始波高位置的直线距离)与初始波高的比值，即 r_i/H_0；y 为方位角，规定滑坡处正上方为 0°，顺时针为负，逆时针为正；z 为工况，由初始波高与水深的比值来定义，即 H_0/h；A_i 为关于相对距离 x 的基函数；B_j 为关于方位角 y 的基函数；C_m 为关于工况 z 的基函数；D^{ijm} 为坐标分量。

7.5 基于张量分析的滑坡涌浪经验波场研究

7.5.1 波高传递率与相对距离的二维模型

1. 波高传递率与相对距离二维曲线模型建立

对实验数据进行分析，在给定工况和方位角的情况下，可以建立波高传递率与相对距离关系的二维曲线模型，分析两者的数据关系，根据相关波浪理论，建立指数函数如下：

$$P_k = e^{(d \cdot x)} \qquad (7\text{-}4)$$

式中，P_k 为波高传递率，是对应位置的波高与初始波高的比值；x 为相对距离，是实际距离与初始波高的比值；d 为系数。

通过实验数据分别建立相对距离向量和波高传递率向量，然后推导系数 d 即可求得二者的函数关系，具体步骤如下：

①建立相对距离 x 的向量：$\boldsymbol{x}=(x_1, x_2, x_3, x_4, \cdots)$，式中 $\boldsymbol{x}_1$，$\boldsymbol{x}_2$，$\boldsymbol{x}_3$，$\boldsymbol{x}_4$，$\cdots$，由实验数据求得；

②建立波高传递率 P_k 的向量：$\boldsymbol{P}_k=(P_1, P_2, P_3, P_4, \cdots)$，式中 P_1，P_2，P_3，P_4，$\cdots$，由实验数据求得；

③令 $\boldsymbol{a}=\boldsymbol{x}^{\mathrm{T}}$($\boldsymbol{a}$ 为 $\boldsymbol{x}$ 的转置向量)，$\boldsymbol{b}=\ln(\boldsymbol{P}^{\mathrm{T}})$，为 $\boldsymbol{P}$ 的转置向量再取自然对数；

④求出系数 d：$d=\mathrm{pinv}(\boldsymbol{a}) \cdot \boldsymbol{b}$，其中 $\mathrm{pinv}(\boldsymbol{a})$ 为 $\boldsymbol{a}$ 向量的伪逆向量；

⑤按照实验的 14 个方位角，共有 14 条波高传递率与相对距离的关系曲线，分别形成系数 d_1，d_2，d_3，$\cdots$，d_{14}。

2. 波高传递率随相对距离的变化规律分析

选取较小工况(2 号工况，即初始波高与水深比值 0.0459)、中等工况(58 号工况，即初始波高与水深比值 0.1068)和较大工况(45 号工况，即初始波高与水深比值 0.2409)，选取沿弯曲河道的 6 个不同方位角，图 7-12～图 7-14 分别给出了部分波高传递率与相对距离关系的实测数据，图中实线为波高传递率与相对距离的二维模型，虚线为实测点连线。

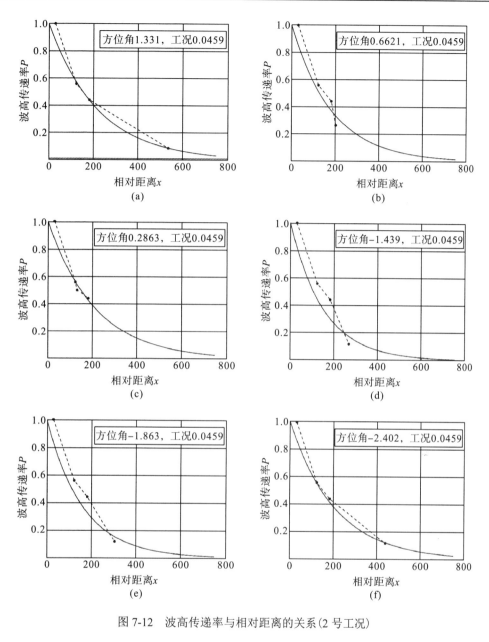

图 7-12　波高传递率与相对距离的关系(2 号工况)

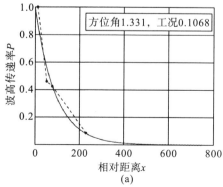

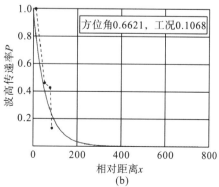

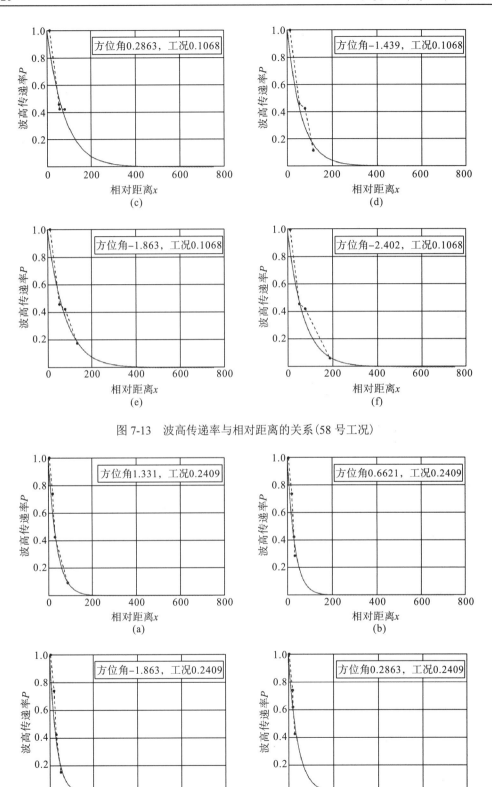

图 7-13 波高传递率与相对距离的关系(58 号工况)

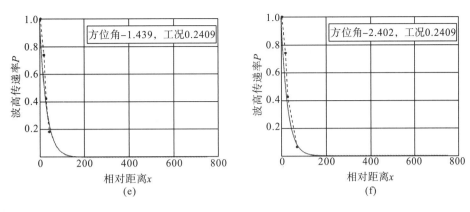

图 7-14　波高传递率与相对距离的关系(45 号工况)

从图 7-12～图 7-14 中可以看出，在给定工况和方位角的情况下，滑坡涌浪沿程的波高随着相对距离的增加而逐渐减小，且其传递率逐渐减小，波高传递率与相对距离的关系呈负指数曲线分布。在同一方位，随着工况(初始波高与水深的比值)的增加，波高传递率随相对距离的减小而逐渐增大，即波高衰减速率逐渐增大。对同一工况，在各个方位，从所列二维曲线模型的规律来看，波高传递率随相对距离的变化趋势的差别并不明显。

7.5.2　波高传递率与方位角和相对距离的三维模型

1. 波高传递率与方位角、相对距离三维曲面模型建立

对实验数据进行分析，在给定工况的情况下，多条波高传递率与相对距离关系的二维曲线，在方位角这个维度上呈一元二次函数分布，建立理论公式如下：

$$P_k = e^{[D(1,1)\cdot x + D(1,2)\cdot x\cdot y + D(1,3)\cdot x\cdot y^2]} \tag{7-5}$$

式中，P_k 为波高传递率，是对应位置的波高与初始波高的比值；x 为相对距离，是实际距离与初始波高的比值；y 为方位角，规定滑坡处正上方为 $0°$，顺时针为负，逆时针为正；D 为系数。

式(7-5)建立了波高传递率与方位角、相对距离关系的三维曲面模型，然后推导出系数 $D(1，1)$、$D(1，2)$、$D(1，3)$ 即可求得三者的函数关系，步骤如下：

①根据 14 条波高传递率与相对距离的关系曲线，将系数 d_1, d_2, d_3, $\cdots$, d_{14}，建立向量 $\boldsymbol{d} = (d_1, d_2, d_3, \cdots, d_{14})$；

②根据数据分析，上述 14 条曲线与曲线之间成一元二次函数，以矩阵形式建立基函数如下：

$$\boldsymbol{G} = \begin{bmatrix} 1 & y_1 & y_1^2 \\ 1 & y_2 & y_2^2 \\ \vdots & \vdots & \vdots \\ 1 & y_{14} & y_{14}^2 \end{bmatrix}$$

③求出系数 $D(1，1)$、$D(1，2)$、$D(1，3)$，$\boldsymbol{D} = \boldsymbol{d}\cdot\boldsymbol{G}\cdot\text{inv}(\boldsymbol{G}'\cdot\boldsymbol{G})$，其中 $\boldsymbol{G}'$ 为矩阵 $\boldsymbol{G}$

的转置矩阵，inv(·)表示求逆矩阵)；

④按照实验的 80 个工况，共有 80 条波高传递率与相对距离、方位角的关系曲面，分别形成系数 $D_1(1,1)$、$D_1(1,2)$、$D_1(1,3)$，$D_2(1,1)$、$D_2(1,2)$、$D_2(1,3)$，…，$D_{80}(1,1)$、$D_{80}(1,2)$、$D_{80}(1,3)$。

2. 波高传递率与方位角、相对距离变化规律分析

根据波高传递率与方位角、相对距离关系的理论公式，与图 7-12～图 7-14 的二维曲线模型相对应，图 7-15～图 7-17 分别给出了滑坡涌浪的波高传递率随方位角和相对距离的部分变化规律。

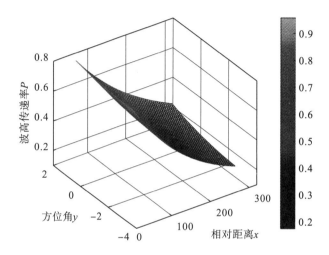

图 7-15　波高传递率随方位角和相对距离的变化规律(2 号工况)

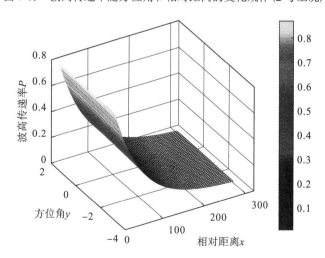

图 7-16　波高传递率随方位角和相对距离的变化规律(58 号工况)

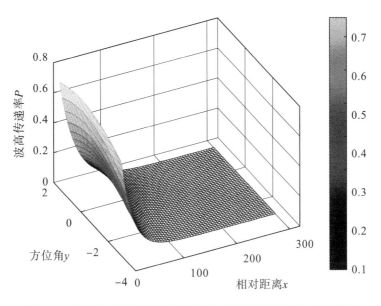

图 7-17 波高传递率随方位角和相对距离的变化规律(45 号工况)

从图 7-15~图 7-17 中可以看出，在给定工况的情况下，波高传递率随方位角和相对距离的不同呈负指数曲面分布。随着工况(初始波高与水深的比值)的增加，波高传递率随相对距离的减小逐渐增大，即波高衰减速度逐渐增大，这一点与二维模型的结论一致。在较小工况时，对同一工况和同一相对距离，波高传递率随方位角的变化趋势的差别较小，与二维模型的结论一致。

7.5.3 波高传递率与工况、方位角和相对距离的四维模型

1. 波高传递率与工况、方位角、相对距离四维模型建立

对实验数据进行分析，反映波高传递率与方位角、相对距离关系的三维曲面，在工况(初始波高与水深的比值)这个维度上呈一元一次函数分布，建立理论公式如下：

$$P_k = e^{\left[\left(D(1,1,1)\cdot x + D(1,2,1)\cdot x\cdot y + D(1,3,1)\cdot x\cdot y^2\right) + \left(D(1,1,2)\cdot x\cdot z + D(1,2,2)\cdot x\cdot y\cdot z + D(1,3,2)\cdot x\cdot y^2\cdot z\right)\right]} \tag{7-6}$$

式中，P_k 为波高传递率，是对应位置的波高与初始波高的比值；x 为相对距离，是实际距离与初始波高的比值；y 为方位角，规定滑坡处正上方为 $0°$，顺时针为负，逆时针为正；z 为工况，是初始波高与水深的比值；D 为系数，包括 $D(1, 1, 1)$、$D(1, 2, 1)$、$D(1, 3, 1)$、$D(1, 1, 2)$、$D(1, 2, 2)$、$D(1, 3, 2)$。

上述理论公式(7-6)建立了波高传递率与工况、方位角、相对距离之间关系的四维数学模型，然后推导出系数 $D(1, 1, 1)$、$D(1, 2, 1)$、$D(1, 3, 1)$、$D(1, 1, 2)$、$D(1, 2, 2)$、$D(1, 3, 2)$，即可求得四者的函数关系。在推导系数 D 的过程中，矩阵已不适用，需要运用张量分析的方法进行求解。为此根据已经建立的理论公式(7-6)，采用张量空间映射的方法，建立波高传递率与工况、方位角、相对距离的张量表达式如下：

$$P_k = \mathrm{e}^{\left[\sum\limits_{i=1}^{1}\sum\limits_{j=1}^{3}\sum\limits_{m=1}^{2} D_{ijm} A_i(x) B_j(y) C_m(z)\right]} \tag{7-7}$$

式中，$A=[x]$，$B=\begin{bmatrix}1 & y & y^2\end{bmatrix}$，$C=\begin{bmatrix}1 & z\end{bmatrix}$；$P_k$ 为波高传递率，是对应位置的波高与初始波高的比值；x 为相对距离，是实际距离与初始波高的比值；y 为方位角，规定滑坡处正上方为 0°，顺时针为负，逆时针为正；z 为工况，是初始波高与水深的比值；从函数拟合的角度，D_{ijm} 可被定义为多元函数的系数，从张量映射的角度可被定义为三阶张量的分量值。

2. 波高传递率随工况、方位角、相对距离的变化规律分析

根据所得的实验数据，按照四维数学模型对实验数据进行分析，拟合结果如图 7-18 所示，图中通过灰度深浅来反映波高传递率的大小。此时式(7-7)的使用范围为相对距离取[10，300]，方位角取[-2.4，1.3]，工况(初始波高与水深的比值)为[0.015，0.260]。通过经验波场的数值计算，可确定船舶航行的安全距离。表 7-3～表 7-10 给出了与图 7-18 所对应的部分拟合数据，以方便工程实践中参考查用。

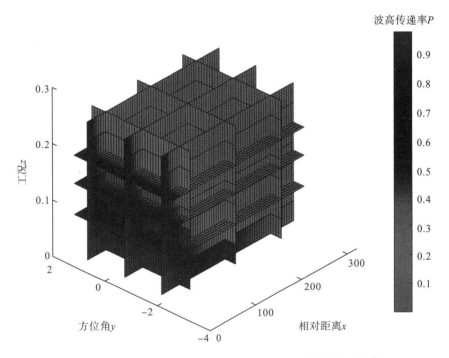

图 7-18　波高传递率随工况、方位角和相对距离的变化关系

从图 7-18 中可以看出，对同一工况以及同一方位角，波高传递率随相对距离的增加逐渐减小。对同一工况和同一相对距离，波高传递率随方位角的变化较小。在方位角和相对距离相同时，波高传递率随工况的变化速率增加。可以看出四维模型与二维曲线和三维曲面模型的规律是一致的，且通过较少的图形和拟合公式能够更全面地反映实际规律，具有非常明显的优势。

表 7-3　工况为 0.015 时波高传递率的变化情况

相对距离	方位角 1.2	方位角 0.9	方位角 0.6	方位角 0.3	方位角 0	方位角 -0.3	方位角 -0.6	方位角 -0.9	方位角 -1.2	方位角 -1.5	方位角 -1.8	方位角 -2.1	方位角 -2.4
10	9.707E-01	9.712E-01	9.714E-01	9.712E-01	9.707E-01	9.698E-01	9.685E-01	9.670E-01	9.650E-01	9.628E-01	9.602E-01	9.572E-01	9.539E-01
25	9.284E-01	9.296E-01	9.300E-01	9.295E-01	9.282E-01	9.261E-01	9.232E-01	9.194E-01	9.149E-01	9.095E-01	9.034E-01	8.965E-01	8.888E-01
40	8.879E-01	8.898E-01	8.904E-01	8.897E-01	8.877E-01	8.844E-01	8.800E-01	8.742E-01	8.673E-01	8.592E-01	8.499E-01	8.396E-01	8.281E-01
55	8.492E-01	8.517E-01	8.524E-01	8.515E-01	8.489E-01	8.446E-01	8.388E-01	8.313E-01	8.222E-01	8.116E-01	7.996E-01	7.863E-01	7.716E-01
70	8.122E-01	8.152E-01	8.161E-01	8.150E-01	8.118E-01	8.066E-01	7.995E-01	7.904E-01	7.795E-01	7.667E-01	7.523E-01	7.364E-01	7.189E-01
85	7.768E-01	7.802E-01	7.813E-01	7.800E-01	7.763E-01	7.703E-01	7.620E-01	7.515E-01	7.389E-01	7.243E-01	7.078E-01	6.896E-01	6.698E-01
100	7.429E-01	7.468E-01	7.480E-01	7.466E-01	7.424E-01	7.357E-01	7.264E-01	7.146E-01	7.005E-01	6.842E-01	6.660E-01	6.458E-01	6.241E-01
115	7.105E-01	7.148E-01	7.162E-01	7.145E-01	7.100E-01	7.026E-01	6.924E-01	6.795E-01	6.641E-01	6.464E-01	6.266E-01	6.048E-01	5.815E-01
130	6.796E-01	6.842E-01	6.856E-01	6.839E-01	6.790E-01	6.709E-01	6.599E-01	6.461E-01	6.296E-01	6.106E-01	5.895E-01	5.664E-01	5.418E-01
145	6.499E-01	6.549E-01	6.564E-01	6.546E-01	6.493E-01	6.408E-01	6.290E-01	6.143E-01	5.968E-01	5.768E-01	5.546E-01	5.305E-01	5.048E-01
160	6.216E-01	6.268E-01	6.284E-01	6.265E-01	6.209E-01	6.119E-01	5.996E-01	5.841E-01	5.658E-01	5.449E-01	5.218E-01	4.968E-01	4.703E-01
175	5.945E-01	6.000E-01	6.017E-01	5.996E-01	5.938E-01	5.844E-01	5.715E-01	5.554E-01	5.364E-01	5.148E-01	4.909E-01	4.653E-01	4.382E-01
190	5.686E-01	5.743E-01	5.760E-01	5.739E-01	5.679E-01	5.581E-01	5.447E-01	5.281E-01	5.085E-01	4.863E-01	4.619E-01	4.357E-01	4.083E-01
205	5.438E-01	5.496E-01	5.515E-01	5.493E-01	5.430E-01	5.330E-01	5.192E-01	5.021E-01	4.821E-01	4.594E-01	4.346E-01	4.081E-01	3.804E-01
220	5.201E-01	5.261E-01	5.280E-01	5.257E-01	5.193E-01	5.090E-01	4.949E-01	4.775E-01	4.570E-01	4.340E-01	4.089E-01	3.822E-01	3.544E-01
235	4.974E-01	5.036E-01	5.055E-01	5.032E-01	4.966E-01	4.861E-01	4.717E-01	4.540E-01	4.332E-01	4.100E-01	3.847E-01	3.579E-01	3.302E-01
250	4.757E-01	4.820E-01	4.839E-01	4.816E-01	4.749E-01	4.642E-01	4.497E-01	4.317E-01	4.107E-01	3.873E-01	3.619E-01	3.352E-01	3.077E-01
265	4.550E-01	4.613E-01	4.633E-01	4.609E-01	4.542E-01	4.433E-01	4.286E-01	4.105E-01	3.894E-01	3.659E-01	3.405E-01	3.139E-01	2.867E-01
280	4.352E-01	4.416E-01	4.436E-01	4.411E-01	4.343E-01	4.234E-01	4.085E-01	3.903E-01	3.691E-01	3.456E-01	3.204E-01	2.940E-01	2.671E-01
295	4.162E-01	4.226E-01	4.247E-01	4.222E-01	4.154E-01	4.043E-01	3.894E-01	3.711E-01	3.499E-01	3.265E-01	3.014E-01	2.753E-01	2.489E-01

波高传递率

表7-4　工况为0.050时波高传递率的变化情况

相对距离	波高传递率												
	方位角 -2.4	方位角 -2.1	方位角 -1.8	方位角 -1.5	方位角 -1.2	方位角 -0.9	方位角 -0.6	方位角 -0.3	方位角 0	方位角 0.3	方位角 0.6	方位角 0.9	方位角 1.2
10	9.047E-01	9.078E-01	9.107E-01	9.132E-01	9.155E-01	9.175E-01	9.192E-01	9.206E-01	9.218E-01	9.226E-01	9.231E-01	9.234E-01	9.233E-01
25	7.785E-01	7.853E-01	7.914E-01	7.970E-01	8.020E-01	8.064E-01	8.101E-01	8.133E-01	8.157E-01	8.176E-01	8.188E-01	8.193E-01	8.192E-01
40	6.700E-01	6.793E-01	6.878E-01	6.956E-01	7.026E-01	7.087E-01	7.140E-01	7.184E-01	7.219E-01	7.245E-01	7.262E-01	7.270E-01	7.269E-01
55	5.765E-01	5.875E-01	5.977E-01	6.071E-01	6.154E-01	6.228E-01	6.292E-01	6.346E-01	6.389E-01	6.421E-01	6.441E-01	6.451E-01	6.449E-01
70	4.961E-01	5.082E-01	5.195E-01	5.298E-01	5.391E-01	5.474E-01	5.546E-01	5.606E-01	5.654E-01	5.690E-01	5.713E-01	5.724E-01	5.722E-01
85	4.269E-01	4.396E-01	4.515E-01	4.624E-01	4.723E-01	4.811E-01	4.887E-01	4.952E-01	5.004E-01	5.042E-01	5.067E-01	5.079E-01	5.077E-01
100	3.674E-01	3.803E-01	3.923E-01	4.035E-01	4.137E-01	4.228E-01	4.307E-01	4.374E-01	4.428E-01	4.468E-01	4.494E-01	4.507E-01	4.504E-01
115	3.161E-01	3.289E-01	3.410E-01	3.522E-01	3.624E-01	3.716E-01	3.796E-01	3.864E-01	3.919E-01	3.960E-01	3.986E-01	3.999E-01	3.996E-01
130	2.720E-01	2.845E-01	2.963E-01	3.074E-01	3.175E-01	3.266E-01	3.346E-01	3.413E-01	3.468E-01	3.509E-01	3.536E-01	3.548E-01	3.546E-01
145	2.341E-01	2.461E-01	2.575E-01	2.682E-01	2.781E-01	2.870E-01	2.949E-01	3.015E-01	3.069E-01	3.110E-01	3.136E-01	3.148E-01	3.146E-01
160	2.015E-01	2.129E-01	2.238E-01	2.341E-01	2.436E-01	2.523E-01	2.599E-01	2.663E-01	2.716E-01	2.756E-01	2.782E-01	2.794E-01	2.791E-01
175	1.734E-01	1.841E-01	1.945E-01	2.043E-01	2.134E-01	2.217E-01	2.290E-01	2.353E-01	2.404E-01	2.442E-01	2.467E-01	2.479E-01	2.477E-01
190	1.492E-01	1.593E-01	1.690E-01	1.783E-01	1.870E-01	1.948E-01	2.018E-01	2.078E-01	2.127E-01	2.164E-01	2.188E-01	2.199E-01	2.197E-01
205	1.284E-01	1.378E-01	1.469E-01	1.556E-01	1.638E-01	1.712E-01	1.779E-01	1.836E-01	1.882E-01	1.918E-01	1.941E-01	1.952E-01	1.950E-01
220	1.105E-01	1.192E-01	1.277E-01	1.358E-01	1.435E-01	1.505E-01	1.568E-01	1.622E-01	1.666E-01	1.699E-01	1.721E-01	1.732E-01	1.730E-01
235	9.506E-02	1.031E-01	1.109E-01	1.185E-01	1.257E-01	1.323E-01	1.382E-01	1.433E-01	1.474E-01	1.506E-01	1.527E-01	1.537E-01	1.535E-01
250	8.180E-02	8.916E-02	9.642E-02	1.034E-01	1.101E-01	1.162E-01	1.218E-01	1.265E-01	1.305E-01	1.335E-01	1.354E-01	1.363E-01	1.362E-01
265	7.040E-02	7.713E-02	8.379E-02	9.027E-02	9.644E-02	1.022E-01	1.073E-01	1.118E-01	1.155E-01	1.183E-01	1.201E-01	1.210E-01	1.208E-01
280	6.058E-02	6.671E-02	7.282E-02	7.878E-02	8.448E-02	8.979E-02	9.458E-02	9.875E-02	1.022E-01	1.048E-01	1.065E-01	1.073E-01	1.072E-01
295	5.213E-02	5.771E-02	6.329E-02	6.876E-02	7.401E-02	7.891E-02	8.335E-02	8.723E-02	9.043E-02	9.287E-02	9.449E-02	9.525E-02	9.511E-02

表 7-5 工况为 0.085 时波高传递率的变化情况

相对距离	波高传递率												
	方位角 -2.4	方位角 -2.1	方位角 -1.8	方位角 -1.5	方位角 -1.2	方位角 -0.9	方位角 -0.6	方位角 -0.3	方位角 0	方位角 0.3	方位角 0.6	方位角 0.9	方位角 1.2
10	8.580E-01	8.610E-01	8.638E-01	8.663E-01	8.686E-01	8.706E-01	8.724E-01	8.740E-01	8.753E-01	8.764E-01	8.773E-01	8.779E-01	8.783E-01
25	6.819E-01	6.879E-01	6.934E-01	6.984E-01	7.031E-01	7.072E-01	7.109E-01	7.141E-01	7.169E-01	7.191E-01	7.209E-01	7.221E-01	7.229E-01
40	5.420E-01	5.496E-01	5.566E-01	5.631E-01	5.691E-01	5.745E-01	5.793E-01	5.835E-01	5.871E-01	5.900E-01	5.923E-01	5.940E-01	5.950E-01
55	4.308E-01	4.391E-01	4.468E-01	4.540E-01	4.607E-01	4.667E-01	4.721E-01	4.768E-01	4.808E-01	4.841E-01	4.867E-01	4.886E-01	4.897E-01
70	3.424E-01	3.508E-01	3.587E-01	3.661E-01	3.729E-01	3.791E-01	3.847E-01	3.896E-01	3.938E-01	3.972E-01	4.000E-01	4.019E-01	4.031E-01
85	2.721E-01	2.802E-01	2.879E-01	2.952E-01	3.018E-01	3.080E-01	3.135E-01	3.183E-01	3.225E-01	3.259E-01	3.286E-01	3.306E-01	3.318E-01
100	2.163E-01	2.239E-01	2.311E-01	2.380E-01	2.443E-01	2.502E-01	2.554E-01	2.601E-01	2.641E-01	2.674E-01	2.700E-01	2.719E-01	2.731E-01
115	1.719E-01	1.789E-01	1.856E-01	1.919E-01	1.978E-01	2.032E-01	2.081E-01	2.125E-01	2.163E-01	2.194E-01	2.219E-01	2.237E-01	2.248E-01
130	1.366E-01	1.429E-01	1.490E-01	1.547E-01	1.601E-01	1.651E-01	1.696E-01	1.736E-01	1.771E-01	1.800E-01	1.823E-01	1.840E-01	1.850E-01
145	1.086E-01	1.142E-01	1.196E-01	1.247E-01	1.296E-01	1.341E-01	1.382E-01	1.419E-01	1.451E-01	1.477E-01	1.498E-01	1.514E-01	1.523E-01
160	8.629E-02	9.121E-02	9.599E-02	1.006E-01	1.049E-01	1.089E-01	1.126E-01	1.159E-01	1.188E-01	1.212E-01	1.231E-01	1.245E-01	1.253E-01
175	6.858E-02	7.287E-02	7.705E-02	8.108E-02	8.491E-02	8.849E-02	9.178E-02	9.472E-02	9.729E-02	9.945E-02	1.012E-01	1.024E-01	1.032E-01
190	5.451E-02	5.822E-02	6.186E-02	6.538E-02	6.873E-02	7.188E-02	7.479E-02	7.740E-02	7.968E-02	8.160E-02	8.313E-02	8.424E-02	8.492E-02
205	4.332E-02	4.651E-02	4.965E-02	5.271E-02	5.564E-02	5.839E-02	6.094E-02	6.324E-02	6.525E-02	6.695E-02	6.831E-02	6.929E-02	6.990E-02
220	3.443E-02	3.716E-02	3.986E-02	4.250E-02	4.504E-02	4.744E-02	4.966E-02	5.167E-02	5.344E-02	5.493E-02	5.613E-02	5.700E-02	5.753E-02
235	2.737E-02	2.969E-02	3.200E-02	3.427E-02	3.645E-02	3.853E-02	4.047E-02	4.222E-02	4.377E-02	4.507E-02	4.612E-02	4.688E-02	4.735E-02
250	2.175E-02	2.372E-02	2.569E-02	2.763E-02	2.951E-02	3.130E-02	3.297E-02	3.450E-02	3.584E-02	3.698E-02	3.790E-02	3.857E-02	3.898E-02
265	1.729E-02	1.895E-02	2.062E-02	2.227E-02	2.389E-02	2.543E-02	2.687E-02	2.819E-02	2.935E-02	3.034E-02	3.114E-02	3.172E-02	3.208E-02
280	1.374E-02	1.514E-02	1.655E-02	1.796E-02	1.934E-02	2.066E-02	2.190E-02	2.303E-02	2.404E-02	2.490E-02	2.559E-02	2.609E-02	2.641E-02
295	1.092E-02	1.209E-02	1.329E-02	1.448E-02	1.565E-02	1.678E-02	1.784E-02	1.882E-02	1.969E-02	2.043E-02	2.103E-02	2.146E-02	2.173E-02

表 7-6　工况为 0.120 时波高传递率的变化情况

波高传递率

相对距离	方位角 1.2	方位角 0.9	方位角 0.6	方位角 0.3	方位角 0	方位角 -0.3	方位角 -0.6	方位角 -0.9	方位角 -1.2	方位角 -1.5	方位角 -1.8	方位角 -2.1	方位角 -2.4
10	8.354E-01	8.347E-01	8.337E-01	8.326E-01	8.312E-01	8.297E-01	8.280E-01	8.261E-01	8.240E-01	8.217E-01	8.192E-01	8.166E-01	8.137E-01
25	6.379E-01	6.365E-01	6.347E-01	6.325E-01	6.300E-01	6.271E-01	6.239E-01	6.203E-01	6.163E-01	6.121E-01	6.075E-01	6.026E-01	5.973E-01
40	4.871E-01	4.853E-01	4.831E-01	4.805E-01	4.774E-01	4.740E-01	4.700E-01	4.657E-01	4.610E-01	4.559E-01	4.504E-01	4.446E-01	4.385E-01
55	3.719E-01	3.701E-01	3.678E-01	3.650E-01	3.618E-01	3.582E-01	3.541E-01	3.497E-01	3.448E-01	3.396E-01	3.340E-01	3.281E-01	3.219E-01
70	2.840E-01	2.822E-01	2.800E-01	2.773E-01	2.742E-01	2.707E-01	2.668E-01	2.626E-01	2.579E-01	2.530E-01	2.477E-01	2.421E-01	2.363E-01
85	2.168E-01	2.152E-01	2.131E-01	2.107E-01	2.078E-01	2.046E-01	2.010E-01	1.971E-01	1.929E-01	1.884E-01	1.836E-01	1.786E-01	1.734E-01
100	1.656E-01	1.641E-01	1.623E-01	1.601E-01	1.575E-01	1.546E-01	1.515E-01	1.480E-01	1.443E-01	1.403E-01	1.362E-01	1.318E-01	1.273E-01
115	1.264E-01	1.251E-01	1.235E-01	1.216E-01	1.194E-01	1.169E-01	1.141E-01	1.111E-01	1.079E-01	1.045E-01	1.010E-01	9.727E-02	9.345E-02
130	9.654E-02	9.542E-02	9.403E-02	9.237E-02	9.047E-02	8.834E-02	8.599E-02	8.345E-02	8.073E-02	7.787E-02	7.487E-02	7.178E-02	6.860E-02
145	7.371E-02	7.276E-02	7.158E-02	7.018E-02	6.857E-02	6.676E-02	6.479E-02	6.265E-02	6.039E-02	5.800E-02	5.552E-02	5.296E-02	5.035E-02
160	5.629E-02	5.549E-02	5.449E-02	5.331E-02	5.196E-02	5.046E-02	4.881E-02	4.704E-02	4.517E-02	4.320E-02	4.117E-02	3.908E-02	3.696E-02
175	4.298E-02	4.231E-02	4.148E-02	4.050E-02	3.938E-02	3.814E-02	3.678E-02	3.532E-02	3.378E-02	3.218E-02	3.053E-02	2.884E-02	2.713E-02
190	3.282E-02	3.226E-02	3.158E-02	3.077E-02	2.985E-02	2.882E-02	2.771E-02	2.652E-02	2.527E-02	2.397E-02	2.264E-02	2.128E-02	1.992E-02
205	2.506E-02	2.460E-02	2.404E-02	2.337E-02	2.262E-02	2.178E-02	2.088E-02	1.991E-02	1.890E-02	1.785E-02	1.678E-02	1.570E-02	1.462E-02
220	1.913E-02	1.876E-02	1.830E-02	1.776E-02	1.714E-02	1.646E-02	1.573E-02	1.495E-02	1.414E-02	1.330E-02	1.245E-02	1.159E-02	1.073E-02
235	1.461E-02	1.431E-02	1.393E-02	1.349E-02	1.299E-02	1.244E-02	1.185E-02	1.123E-02	1.057E-02	9.906E-03	9.229E-03	8.550E-03	7.878E-03
250	1.116E-02	1.091E-02	1.060E-02	1.025E-02	9.846E-03	9.404E-03	8.930E-03	8.429E-03	7.910E-03	7.379E-03	6.843E-03	6.309E-03	5.783E-03
265	8.518E-03	8.319E-03	8.073E-03	7.786E-03	7.462E-03	7.108E-03	6.728E-03	6.329E-03	5.916E-03	5.496E-03	5.074E-03	4.656E-03	4.245E-03
280	6.504E-03	6.343E-03	6.146E-03	5.915E-03	5.656E-03	5.372E-03	5.069E-03	4.752E-03	4.425E-03	4.094E-03	3.763E-03	3.435E-03	3.116E-03
295	4.967E-03	4.837E-03	4.678E-03	4.494E-03	4.286E-03	4.060E-03	3.819E-03	3.568E-03	3.310E-03	3.049E-03	2.790E-03	2.535E-03	2.287E-03

表 7-7　工况为 0.155 时波高传递率的变化情况

相对距离	波高传递率												
	方位角-2.4	方位角-2.1	方位角-1.8	方位角-1.5	方位角-1.2	方位角-0.9	方位角-0.6	方位角-0.3	方位角0	方位角0.3	方位角0.6	方位角0.9	方位角1.2
10	7.717E-01	7.745E-01	7.770E-01	7.794E-01	7.817E-01	7.839E-01	7.858E-01	7.877E-01	7.894E-01	7.909E-01	7.923E-01	7.936E-01	7.946E-01
25	5.232E-01	5.278E-01	5.322E-01	5.364E-01	5.403E-01	5.440E-01	5.475E-01	5.507E-01	5.536E-01	5.563E-01	5.588E-01	5.610E-01	5.629E-01
40	3.547E-01	3.597E-01	3.645E-01	3.691E-01	3.734E-01	3.775E-01	3.814E-01	3.850E-01	3.883E-01	3.913E-01	3.941E-01	3.966E-01	3.987E-01
55	2.405E-01	2.452E-01	2.497E-01	2.540E-01	2.581E-01	2.620E-01	2.657E-01	2.691E-01	2.723E-01	2.753E-01	2.779E-01	2.803E-01	2.824E-01
70	1.630E-01	1.671E-01	1.710E-01	1.748E-01	1.784E-01	1.818E-01	1.851E-01	1.881E-01	1.910E-01	1.936E-01	1.960E-01	1.982E-01	2.001E-01
85	1.105E-01	1.139E-01	1.171E-01	1.203E-01	1.233E-01	1.262E-01	1.289E-01	1.315E-01	1.339E-01	1.362E-01	1.382E-01	1.401E-01	1.417E-01
100	7.494E-02	7.762E-02	8.023E-02	8.277E-02	8.522E-02	8.758E-02	8.982E-02	9.195E-02	9.394E-02	9.579E-02	9.749E-02	9.903E-02	1.004E-01
115	5.081E-02	5.290E-02	5.495E-02	5.696E-02	5.890E-02	6.078E-02	6.258E-02	6.428E-02	6.589E-02	6.738E-02	6.876E-02	7.000E-02	7.111E-02
130	3.445E-02	3.605E-02	3.764E-02	3.919E-02	4.071E-02	4.218E-02	4.359E-02	4.494E-02	4.621E-02	4.740E-02	4.849E-02	4.948E-02	5.037E-02
145	2.335E-02	2.457E-02	2.578E-02	2.697E-02	2.814E-02	2.927E-02	3.037E-02	3.142E-02	3.241E-02	3.334E-02	3.420E-02	3.498E-02	3.568E-02
160	1.583E-02	1.675E-02	1.766E-02	1.856E-02	1.945E-02	2.032E-02	2.116E-02	2.196E-02	2.273E-02	2.345E-02	2.412E-02	2.473E-02	2.528E-02
175	1.073E-02	1.141E-02	1.209E-02	1.277E-02	1.344E-02	1.410E-02	1.474E-02	1.535E-02	1.594E-02	1.649E-02	1.701E-02	1.748E-02	1.790E-02
190	7.277E-03	7.779E-03	8.283E-03	8.789E-03	9.290E-03	9.785E-03	1.027E-02	1.073E-02	1.118E-02	1.160E-02	1.200E-02	1.236E-02	1.268E-02
205	4.934E-03	5.301E-03	5.674E-03	6.048E-03	6.421E-03	6.790E-03	7.152E-03	7.504E-03	7.841E-03	8.161E-03	8.460E-03	8.735E-03	8.984E-03
220	3.345E-03	3.613E-03	3.886E-03	4.162E-03	4.438E-03	4.713E-03	4.983E-03	5.246E-03	5.499E-03	5.740E-03	5.966E-03	6.175E-03	6.364E-03
235	2.268E-03	2.462E-03	2.662E-03	2.864E-03	3.067E-03	3.271E-03	3.471E-03	3.667E-03	3.857E-03	4.038E-03	4.208E-03	4.365E-03	4.508E-03
250	1.537E-03	1.678E-03	1.823E-03	1.971E-03	2.120E-03	2.270E-03	2.418E-03	2.564E-03	2.705E-03	2.840E-03	2.968E-03	3.086E-03	3.193E-03
265	1.042E-03	1.144E-03	1.249E-03	1.356E-03	1.465E-03	1.575E-03	1.685E-03	1.792E-03	1.897E-03	1.998E-03	2.093E-03	2.181E-03	2.262E-03
280	7.067E-04	7.796E-04	8.553E-04	9.332E-04	1.013E-03	1.093E-03	1.174E-03	1.253E-03	1.331E-03	1.405E-03	1.476E-03	1.542E-03	1.602E-03
295	4.791E-04	5.313E-04	5.858E-04	6.422E-04	7.000E-04	7.587E-04	8.175E-04	8.759E-04	9.332E-04	9.884E-04	1.041E-03	1.090E-03	1.135E-03

表 7-8　工况为 0.190 时波高传递率的变化情况

相对距离	方位角 -2.4	方位角 -2.1	方位角 -1.8	方位角 -1.5	方位角 -1.2	方位角 -0.9	方位角 -0.6	方位角 -0.3	方位角 0	方位角 0.3	方位角 0.6	方位角 0.9	方位角 1.2
						波高传递率							
10	7.319E-01	7.345E-01	7.370E-01	7.394E-01	7.416E-01	7.438E-01	7.458E-01	7.478E-01	7.496E-01	7.513E-01	7.530E-01	7.545E-01	7.559E-01
25	4.583E-01	4.624E-01	4.663E-01	4.700E-01	4.736E-01	4.771E-01	4.804E-01	4.836E-01	4.865E-01	4.893E-01	4.920E-01	4.944E-01	4.967E-01
40	2.870E-01	2.910E-01	2.950E-01	2.988E-01	3.025E-01	3.060E-01	3.094E-01	3.127E-01	3.158E-01	3.187E-01	3.214E-01	3.240E-01	3.264E-01
55	1.797E-01	1.832E-01	1.866E-01	1.900E-01	1.932E-01	1.963E-01	1.993E-01	2.022E-01	2.049E-01	2.075E-01	2.100E-01	2.123E-01	2.145E-01
70	1.125E-01	1.153E-01	1.181E-01	1.208E-01	1.234E-01	1.259E-01	1.284E-01	1.307E-01	1.330E-01	1.352E-01	1.372E-01	1.391E-01	1.409E-01
85	7.045E-02	7.260E-02	7.471E-02	7.678E-02	7.880E-02	8.078E-02	8.270E-02	8.455E-02	8.633E-02	8.803E-02	8.965E-02	9.118E-02	9.262E-02
100	4.412E-02	4.570E-02	4.727E-02	4.881E-02	5.033E-02	5.182E-02	5.327E-02	5.467E-02	5.603E-02	5.733E-02	5.858E-02	5.976E-02	6.087E-02
115	2.762E-02	2.877E-02	2.990E-02	3.103E-02	3.214E-02	3.324E-02	3.431E-02	3.535E-02	3.636E-02	3.734E-02	3.827E-02	3.916E-02	4.000E-02
130	1.730E-02	1.811E-02	1.892E-02	1.973E-02	2.053E-02	2.132E-02	2.210E-02	2.286E-02	2.360E-02	2.432E-02	2.501E-02	2.566E-02	2.628E-02
145	1.083E-02	1.140E-02	1.197E-02	1.254E-02	1.311E-02	1.368E-02	1.423E-02	1.478E-02	1.532E-02	1.584E-02	1.634E-02	1.682E-02	1.727E-02
160	6.782E-03	7.175E-03	7.573E-03	7.973E-03	8.374E-03	8.773E-03	9.169E-03	9.559E-03	9.942E-03	1.031E-02	1.067E-02	1.102E-02	1.135E-02
175	4.247E-03	4.517E-03	4.791E-03	5.069E-03	5.348E-03	5.628E-03	5.906E-03	6.181E-03	6.453E-03	6.717E-03	6.975E-03	7.222E-03	7.458E-03
190	2.659E-03	2.843E-03	3.031E-03	3.222E-03	3.416E-03	3.610E-03	3.804E-03	3.997E-03	4.188E-03	4.375E-03	4.557E-03	4.733E-03	4.901E-03
205	1.665E-03	1.790E-03	1.918E-03	2.049E-03	2.181E-03	2.316E-03	2.450E-03	2.585E-03	2.718E-03	2.849E-03	2.977E-03	3.102E-03	3.221E-03
220	1.043E-03	1.127E-03	1.213E-03	1.302E-03	1.393E-03	1.485E-03	1.578E-03	1.671E-03	1.764E-03	1.856E-03	1.945E-03	2.033E-03	2.116E-03
235	6.528E-04	7.092E-04	7.677E-04	8.280E-04	8.898E-04	9.528E-04	1.017E-03	1.081E-03	1.145E-03	1.209E-03	1.271E-03	1.332E-03	1.391E-03
250	4.088E-04	4.464E-04	4.857E-04	5.264E-04	5.683E-04	6.112E-04	6.548E-04	6.989E-04	7.431E-04	7.871E-04	8.304E-04	8.729E-04	9.140E-04
265	2.560E-04	2.810E-04	3.073E-04	3.346E-04	3.629E-04	3.921E-04	4.218E-04	4.519E-04	4.823E-04	5.126E-04	5.426E-04	5.720E-04	6.006E-04
280	1.603E-04	1.769E-04	1.944E-04	2.127E-04	2.318E-04	2.515E-04	2.717E-04	2.922E-04	3.130E-04	3.338E-04	3.545E-04	3.749E-04	3.947E-04
295	1.004E-04	1.114E-04	1.230E-04	1.352E-04	1.480E-04	1.613E-04	1.750E-04	1.890E-04	2.032E-04	2.174E-04	2.316E-04	2.457E-04	2.594E-04

表 7-9　工况为 0.225 时波高传递率的变化情况

波高传递率

相对距离	方位角-2.4	方位角-2.1	方位角-1.8	方位角-1.5	方位角-1.2	方位角-0.9	方位角-0.6	方位角-0.3	方位角0	方位角0.3	方位角0.6	方位角0.9	方位角1.2
10	6.941E-01	6.966E-01	6.990E-01	7.013E-01	7.036E-01	7.058E-01	7.079E-01	7.099E-01	7.119E-01	7.138E-01	7.156E-01	7.173E-01	7.190E-01
25	4.014E-01	4.050E-01	4.085E-01	4.119E-01	4.152E-01	4.184E-01	4.216E-01	4.246E-01	4.276E-01	4.304E-01	4.331E-01	4.358E-01	4.383E-01
40	2.322E-01	2.355E-01	2.387E-01	2.419E-01	2.450E-01	2.481E-01	2.511E-01	2.540E-01	2.568E-01	2.595E-01	2.622E-01	2.647E-01	2.672E-01
55	1.343E-01	1.369E-01	1.395E-01	1.421E-01	1.446E-01	1.471E-01	1.495E-01	1.519E-01	1.542E-01	1.565E-01	1.587E-01	1.608E-01	1.629E-01
70	7.765E-02	7.960E-02	8.153E-02	8.345E-02	8.534E-02	8.721E-02	8.906E-02	9.086E-02	9.264E-02	9.437E-02	9.606E-02	9.770E-02	9.930E-02
85	4.491E-02	4.628E-02	4.765E-02	4.901E-02	5.037E-02	5.171E-02	5.304E-02	5.435E-02	5.564E-02	5.691E-02	5.815E-02	5.936E-02	6.053E-02
100	2.597E-02	2.691E-02	2.785E-02	2.879E-02	2.972E-02	3.066E-02	3.159E-02	3.251E-02	3.342E-02	3.431E-02	3.520E-02	3.606E-02	3.690E-02
115	1.502E-02	1.564E-02	1.627E-02	1.691E-02	1.754E-02	1.818E-02	1.881E-02	1.944E-02	2.007E-02	2.069E-02	2.130E-02	2.191E-02	2.250E-02
130	8.686E-03	9.095E-03	9.510E-03	9.930E-03	1.035E-02	1.078E-02	1.120E-02	1.163E-02	1.205E-02	1.248E-02	1.290E-02	1.331E-02	1.371E-02
145	5.023E-03	5.288E-03	5.558E-03	5.832E-03	6.110E-03	6.390E-03	6.673E-03	6.956E-03	7.240E-03	7.524E-03	7.806E-03	8.085E-03	8.360E-03
160	2.905E-03	3.074E-03	3.248E-03	3.425E-03	3.606E-03	3.789E-03	3.974E-03	4.161E-03	4.349E-03	4.537E-03	4.725E-03	4.912E-03	5.097E-03
175	1.680E-03	1.788E-03	1.898E-03	2.012E-03	2.128E-03	2.246E-03	2.367E-03	2.489E-03	2.612E-03	2.736E-03	2.860E-03	2.984E-03	3.107E-03
190	9.716E-04	1.039E-03	1.109E-03	1.182E-03	1.256E-03	1.332E-03	1.410E-03	1.489E-03	1.569E-03	1.650E-03	1.731E-03	1.813E-03	1.894E-03
205	5.619E-04	6.042E-04	6.483E-04	6.939E-04	7.411E-04	7.897E-04	8.395E-04	8.904E-04	9.422E-04	9.948E-04	1.048E-03	1.101E-03	1.155E-03
220	3.250E-04	3.513E-04	3.789E-04	4.076E-04	4.374E-04	4.682E-04	5.000E-04	5.326E-04	5.659E-04	5.998E-04	6.343E-04	6.690E-04	7.039E-04
235	1.879E-04	2.043E-04	2.214E-04	2.394E-04	2.581E-04	2.776E-04	2.978E-04	3.185E-04	3.399E-04	3.617E-04	3.839E-04	4.064E-04	4.291E-04
250	1.087E-04	1.188E-04	1.294E-04	1.406E-04	1.523E-04	1.646E-04	1.773E-04	1.905E-04	2.041E-04	2.181E-04	2.324E-04	2.469E-04	2.616E-04
265	6.286E-05	6.904E-05	7.562E-05	8.257E-05	8.990E-05	9.758E-05	1.056E-04	1.140E-04	1.226E-04	1.315E-04	1.407E-04	1.500E-04	1.595E-04
280	3.635E-05	4.014E-05	4.419E-05	4.850E-05	5.305E-05	5.786E-05	6.290E-05	6.816E-05	7.364E-05	7.931E-05	8.514E-05	9.112E-05	9.722E-05
295	2.102E-05	2.334E-05	2.583E-05	2.8448E-05	3.131E-05	3.430E-05	3.746E-05	4.077E-05	4.223E-05	4.782E-05	5.154E-05	5.536E-05	5.927E-05

表 7-10　工况为 0.260 时波高传递率的变化情况

相对距离	方位角 -2.4	方位角 -2.1	方位角 -1.8	方位角 -1.5	方位角 -1.2	方位角 -0.9	方位角 -0.6	方位角 -0.3	方位角 0	方位角 0.3	方位角 0.6	方位角 0.9	方位角 1.2
10	6.583E-01	6.607E-01	6.630E-01	6.652E-01	6.675E-01	6.697E-01	6.718E-01	6.739E-01	6.760E-01	6.780E-01	6.800E-01	6.820E-01	6.839E-01
25	3.516E-01	3.548E-01	3.579E-01	3.610E-01	3.640E-01	3.670E-01	3.699E-01	3.729E-01	3.757E-01	3.786E-01	3.813E-01	3.841E-01	3.868E-01
40	1.878E-01	1.905E-01	1.932E-01	1.959E-01	1.985E-01	2.011E-01	2.037E-01	2.063E-01	2.088E-01	2.114E-01	2.138E-01	2.163E-01	2.187E-01
55	1.003E-01	1.023E-01	1.043E-01	1.063E-01	1.082E-01	1.102E-01	1.122E-01	1.141E-01	1.161E-01	1.180E-01	1.199E-01	1.218E-01	1.237E-01
70	5.358E-02	5.494E-02	5.630E-02	5.766E-02	5.903E-02	6.040E-02	6.177E-02	6.315E-02	6.452E-02	6.588E-02	6.725E-02	6.860E-02	6.995E-02
85	2.862E-02	2.950E-02	3.039E-02	3.129E-02	3.219E-02	3.310E-02	3.402E-02	3.494E-02	3.586E-02	3.678E-02	3.771E-02	3.864E-02	3.956E-02
100	1.529E-02	1.584E-02	1.641E-02	1.698E-02	1.755E-02	1.814E-02	1.873E-02	1.933E-02	1.993E-02	2.054E-02	2.115E-02	2.176E-02	2.237E-02
115	8.166E-03	8.507E-03	8.856E-03	9.211E-03	9.573E-03	9.941E-03	1.031E-02	1.069E-02	1.108E-02	1.147E-02	1.186E-02	1.225E-02	1.265E-02
130	4.362E-03	4.568E-03	4.781E-03	4.998E-03	5.220E-03	5.448E-03	5.680E-03	5.916E-03	6.157E-03	6.402E-03	6.650E-03	6.901E-03	7.156E-03
145	2.330E-03	2.453E-03	2.581E-03	2.712E-03	2.847E-03	2.986E-03	3.128E-03	3.273E-03	3.422E-03	3.574E-03	3.729E-03	3.887E-03	4.047E-03
160	1.244E-03	1.317E-03	1.393E-03	1.471E-03	1.552E-03	1.636E-03	1.722E-03	1.811E-03	1.902E-03	1.996E-03	2.091E-03	2.189E-03	2.289E-03
175	6.647E-04	7.074E-04	7.520E-04	7.984E-04	8.466E-04	8.966E-04	9.484E-04	1.002E-03	1.057E-03	1.114E-03	1.173E-03	1.233E-03	1.294E-03
190	3.550E-04	3.799E-04	4.059E-04	4.332E-04	4.617E-04	4.914E-04	5.223E-04	5.543E-04	5.876E-04	6.220E-04	6.576E-04	6.943E-04	7.320E-04
205	1.896E-04	2.040E-04	2.191E-04	2.351E-04	2.518E-04	2.693E-04	2.876E-04	3.067E-04	3.266E-04	3.473E-04	3.688E-04	3.910E-04	4.140E-04
220	1.013E-04	1.095E-04	1.183E-04	1.275E-04	1.373E-04	1.476E-04	1.584E-04	1.697E-04	1.815E-04	1.939E-04	2.068E-04	2.202E-04	2.341E-04
235	5.410E-05	5.883E-05	6.386E-05	6.920E-05	7.487E-05	8.087E-05	8.721E-05	9.388E-05	1.009E-04	1.083E-04	1.160E-04	1.240E-04	1.324E-04
250	2.890E-05	3.159E-05	3.447E-05	3.755E-05	4.083E-05	4.432E-05	4.802E-05	5.194E-05	5.608E-05	6.044E-05	6.503E-05	6.984E-05	7.488E-05
265	1.543E-05	1.696E-05	1.861E-05	2.037E-05	2.227E-05	2.429E-05	2.644E-05	2.874E-05	3.117E-05	3.375E-05	3.647E-05	3.933E-05	4.235E-05
280	8.244E-06	9.109E-06	1.004E-05	1.105E-05	1.214E-05	1.331E-05	1.456E-05	1.590E-05	1.732E-05	1.884E-05	2.045E-05	2.215E-05	2.395E-05
295	4.404E-06	4.892E-06	5.422E-06	5.998E-06	6.621E-06	7.294E-06	8.018E-06	8.796E-06	9.629E-06	1.052E-05	1.147E-05	1.248E-05	1.354E-05

波高传递率

第 8 章　复杂河道边界对滑坡涌浪传播的作用

8.1　研究目的与方法

8.1.1　研究目的

河道型水库滑坡涌浪的一个显著特点就是河道边界对涌浪传播的作用。当滑坡涌浪传播到河道边界时，部分涌浪被反射而形成反射波，而反射波与相继而来的入射波会发生叠加，叠加后的波高会很大，往往对河道中的船舶及岸边的建筑造成二次灾害。然而，河道的边界往往是非常复杂的。从断面上看，河道岸坡的坡度各不相同，而不同角度的河道岸坡对涌浪的反射率会不同，形成的反射波波高和反射周期也会不同；从平面上看，直线河岸与曲线河岸对波浪的反射角度会有影响，反射波的方向会不同，不同的平面曲率圆弧角度会造成不同的反射波波高和反射周期。因此，很有必要开展复杂河道边界对滑坡涌浪传播的作用研究。

8.1.2　研究方法

与数值模拟模型相比，物理模型无论是在制作时间上还是在制作成本上都高得多。而研究复杂河道边界对滑坡涌浪传播的作用，将涉及非常多的河道模型工况的改变。因此本章的研究采用数值模拟完成。通过软件 FLOW-3D 建立三维滑坡涌浪数值模型，针对具有不同岸坡角度和河岸平面曲率的河道，开展复杂河道边界对滑坡涌浪传播的作用研究。

1. 水动力学控制方程

本书采用的水动力学控制方程是连续性方程和不可压缩黏性流体运动 Navier-Stokes 方程，将流体视为不可压缩黏性流体，由于 FLOW-3D 采用了 FAVOR 网格技术，因此每个控制体积将在守恒方程中考虑几何影响，控制方程中包含了体积分数和面积分数参数。流体的质量守恒定律由连续性方程来描述，该方程可表述为：单位时间内流体微元体中质量的增加等于同一时间间隔内流入该微元体的净质量。流体的动量守恒定律由运动方程（Navier-Stokes 方程）来描述，该方程可表述为：微元体中流体动量对时间的变化率等于外界作用在该微元体上的质量力和面力之和。

2. 紊流方程

目前应用最为广泛的是雷诺（Reynolds）平均法，该方法在瞬态连续性方程和运动方程的基础上，将紊流运动看作时间平均流动和瞬时脉动流动的叠加，对时间取平均，得到紊流时均方程。这与实际工程问题中更加注重紊流所引起的平均流场的变化(即整体效果)的思路相迎合,且避免了直接数值模拟法计算量大的问题,因而广受欢迎。然而,得到的紊流时均方程组中多出了 6 个新的雷诺应力项,使得方程组不封闭,无法求解。因此,需引入新的紊流模型(方程),对雷诺应力做出某种假定,将紊流的脉动值和时均值等联系起来。在涡黏模型中,布西内斯克(Boussinesq)提出了涡黏假定,即引入紊动黏度 μ_t,建立雷诺应力相对于平均速度梯度的关系。计算紊流流动的关键在于确定紊动黏度 μ_t,根据确定 μ_t 的微分方程数量,涡黏模型可分为零方程模型、一方程模型和两方程模型。目前,两方程模型中的标准 k-ε 双方程模型使用最为广泛,但该模型中假定紊动黏度 μ_t 是一个各向同性的标量,而在强旋流、弯曲壁面流动或弯曲流线流动等情况下,μ_t 是一个各向异性的标量,计算结果往往与实际不符。因此,为了弥补标准 k-ε 模型的缺陷,出现了许多需要经修正和改进的模型,其中应用比较广泛的修正模型有 RNG k-ε 模型和 Realizable k-ε 模型。本书将采用 RNG k-ε 模型。

3. VOF 模型

流体体积(volume of fluid,VOF)法是一种处理复杂自由表面的有效方法,其基本思想是:在任何一个计算区域内,液体和气体的体积分数之和为 1,定义 F 为计算区域内液体占区域的流体分数;在 FLOW-3D 中,对于某个计算网格单元而言,$F=1$ 表示计算网格单元内充满液体,$F=0$ 表示计算网格单元内充满气体,$0<F<1$ 表示计算网格单元内同时包含液体和气体。由于本书研究计算区域内的流体具有自由液面,因此也将采用 VOF 模型,通过求解水体体积分数 F 的输运方程来追踪自由液面的变化情况。在自由液面处,F 的梯度最大方向即自由液面的法线方向,求解出 F 的值和自由面的法线方向后,就能得到自由液面的形状。

4. 方程离散与求解

FLOW-3D 采用的是有限差分法对控制方程进行离散。它将求解区域划分为交错的矩形网格,用许多小的控制体积来表述流体域,在控制体中心对压力、流体体积分数 F、密度及其他标量进行存储;在网格边界面的中心对速度、面积分数及其他矢量进行存储。上述这些未知量的偏微分方程的导数用差商代替,从而使连续函数的微分方程离散为网格节点上有限个未知数的差分方程。每个方程中包含了本节点及附近一些节点上的待求函数因变量值,通过求解这些代数方程就可以得到所求微分方程的数值解。

8.2   实验模型的建立与验证

8.2.1   实验模型的建立

1. 模型建模

以实验中的一个工况为例,河道宽度取物理模型尺寸 560m,水深 d 选取三峡水库 145m

运行时对应的水深 51.8m，对岸的岸坡坡度选取 20°。河道凹岸弯曲半径为 1120m，河道凸岸弯曲半径为 560m，河道弯曲角度为 90°，滑动面倾角选取 40°。滑坡体尺寸选取 70m×35m×14m。构建河道和滑坡体三维模型，如图 8-1 所示。

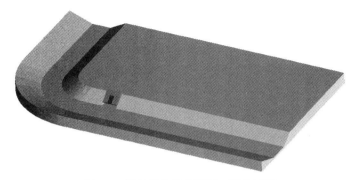

图 8-1　滑坡涌浪数值模拟三维模型图

2. 网格划分

如图 8-2 和图 8-3 所示，模型采用六面体结构化网格，在滑块落水处采用渐变网格加密，x 方向网格最小尺寸 0.1m，最大 0.2m；y 方向网格尺寸均为 0.1m；z 方向网络尺寸均为 0.1m。

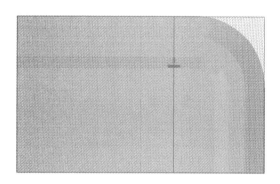

图 8-2　网格划分平面视图

图 8-3　网格划分三维视图

3. 边界条件设置

包含网格块的区域为计算区域，由于该网格块为长方体，因此 6 个面都需要给定边界条件。该区域上表面为自由表面，采用压力边界条件，给定水面压力 $p=1.013×10^5$Pa。由于物理模型实验是在水中进行，因此其余表面边界条件采用无滑移壁面 WALL 条件，水工建筑物视为混凝土材质，糙率为 0.014。

8.2.2　实验模型的验证

以物理模型实验结果对数值模拟实验结果进行模型验证。选择在顺直河道进行模型实验，河道实际水位选择 145m，对应河道实际水深 51.8m，滑动面倾角选择 40°，滑动体尺寸选取 70m×35m×14m。波高测点共布置 16 个。将各测点的物理模型实验的结果（即物模实验结果）、物理模型换算成原型的结果（即物模换算原型结果）和数值模拟实验的结果（即数模实验结果）进行对比，如表 8-1 和图 8-4 所示。

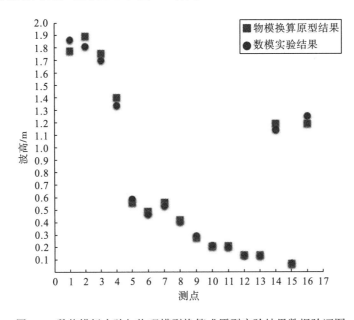

图 8-4　数值模拟实验与物理模型换算成原型实验结果数据验证图

表 8-1　数值模拟实验与物理模型实验结果数据验证表

测点	物模实验结果（测点最大波高）/cm	物模换算原型结果（测点最大波高）/m	数模实验结果（测点最大波高）/m	偏差率（取绝对值）
1 号	2.5	1.776	1.861	4.81%
2 号	2.7	1.890	1.810	4.22%
3 号	2.5	1.750	1.697	3.03%
4 号	2.0	1.400	1.338	4.45%
5 号	0.8	0.560	0.587	4.87%
6 号	0.7	0.490	0.467	4.71%

测点	物模实验结果 (测点最大波高)/cm	物模换算原型结果 (测点最大波高)/m	数模实验结果 (测点最大波高)/m	偏差率 (取绝对值)
7 号	0.8	0.560	0.533	4.75%
8 号	0.6	0.420	0.407	3.00%
9 号	0.4	0.280	0.293	4.75%
10 号	0.3	0.210	0.215	2.60%
11 号	0.3	0.210	0.202	3.80%
12 号	0.2	0.140	0.136	2.60%
13 号	0.2	0.140	0.134	4.40%
14 号	1.7	1.190	1.141	4.09%
15 号	0.1	0.070	0.073	4.00%
16 号	1.7	1.190	1.249	4.94%
平均值				4.06%

从表 8-1 和图 8-4 中可以看出，数值模拟实验与物理模型实验结果数据的最大偏差率为 4.94%，平均偏差率为 4.06%。这表明基于 FLOW-3D 流体动力分析，对滑坡涌浪的产生和传播进行数值模拟具有较小的误差及较高的计算精度，可以用于复杂边界对滑坡涌浪传播的作用研究。

8.3 复杂河道边界对涌浪传播方向的影响规律

8.3.1 复杂河道边界对涌浪传播方向作用的数模实验

为了探究复杂河道边界对涌浪传播方向的影响规律，根据河道边界的不同类型，设置三组实验，分别进行顺直河道边界作用下的涌浪传播方向研究、凸岸顶点入水凹岸边界作用下的涌浪传播方向研究和凹岸中点入水凸岸边界作用下的涌浪传播方向研究。各实验参数选取如下：河道宽度选取物理原型尺寸 560m，水深 d 选取三峡水库 145m 运行时对应的水深 51.8m，即深水情况。对岸岸坡坡度选取 20°。河道凹岸弯曲半径为 1120m，河道凸岸弯曲半径为 560m，河道弯曲角度为 90°，滑动面倾角选取 40°。滑坡体尺寸选取 70m×35m×14m。滑坡体入水点分别选取直道临水处、凸岸圆弧中间点和凹岸圆弧中间点。各实验工况的详细参数详如表 8-2 所示。

表 8-2 复杂河道边界对涌浪传播方向作用的数值模拟实验工况表

工况	河宽/m	滑块落水位置	水深/m	对岸岸坡坡度/(°)	弯道角度/(°)	凸岸弯曲半径/m	凹岸弯曲半径/m	滑动面倾角/(°)	滑坡体尺寸
1	560	直线段临水处	51.8	20	90			40	70m×35 m×14m
2	560	凸岸圆弧中点	51.8	20	90	560	1120	40	70m×35m×14m
3	560	凹岸圆弧中点	51.8	20	90	560	1120	40	70m×35m×14m

8.3.2　顺直河道边界作用下的涌浪传播方向

　　河道宽度选取物理模型尺寸 560m，水深 d 选取三峡水库 145m 运行时对应的水深 51.8m，即深水情况。对岸岸坡坡度选取 20°。顺直河道岸边临水处作为滑坡体入水点，河对岸作为顺直河道边界。滑动面倾角选取 40°。滑坡体尺寸选取 70m×35m×14m。按照时间发展的顺序，实验结果按帧分别列出，如图 8-5 所示。

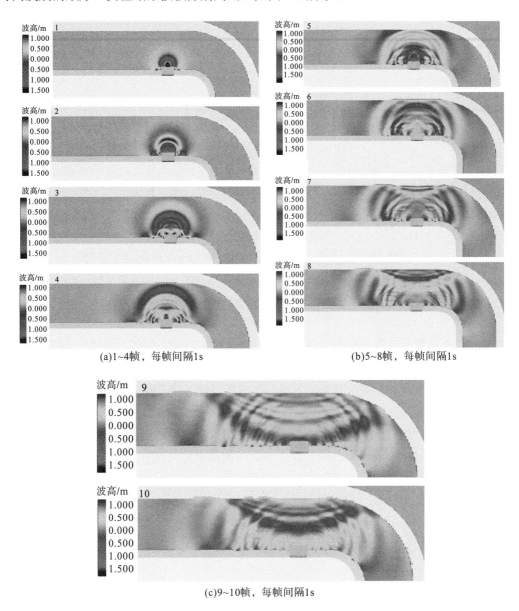

(a)1~4帧，每帧间隔1s　　　　　　　(b)5~8帧，每帧间隔1s

(c)9~10帧，每帧间隔1s

图 8-5　直线段涌浪传播过程图

从图 8-5(a)中可以看出，1～4 帧的时间是滑坡涌浪从发生到传播到对岸的过程。波峰线呈大半圆形状，并随时间的增加，基本上呈同心圆形状向外传播扩散，波向线从圆心向外指向圆弧。圆心在滑坡体入水点到对岸的垂线上，比滑坡体入水点更靠向河中一点，这是因为滑坡体入水不但生成了涌浪，而且由于滑坡体入水时在其宽度范围内，因而给予水体一个向前的推力，产生的加速度使滑坡体宽度范围内的涌浪传播速度较周边快，而且滑坡体宽度范围内的涌浪所携带的能量也较其他范围的大。

从图 8-5(b)中可以看出，5～8 帧的时间是滑坡涌浪到达对岸后的反射过程。波峰线到达对岸岸坡的边界后，会产生能量的汇集、消散和反射。在这个过程中，涌浪的变化主要分为四个部分：一部分直接反射回来，一部分破碎后反射回来，一部分爬高后反射回来，一部分沿着对岸岸坡爬高后消散。从反射波的方向看，与光波反射规律类似，以穿过涌浪到达点的对岸边界的垂线为对称轴，反射波的波向线与入射波的波向线呈轴对称。反射波波峰线呈小半圆形状，并随时间的增加，基本上呈同心圆形状向外传播扩散。圆心在滑坡体入水点到对岸的垂线的延长线上。

从图 8-5(c)中可以看出，9～10 帧的时间是滑坡涌浪入射波与反射波的叠加过程。此外，从图中还可以明显看出，入射波的波峰线与反射波的波峰线在河道中出现了叠加现象，叠加处的波高明显增大。当然，这种叠加现象也往往会导致次生灾害的发生。

8.3.3　凸岸顶点入水凹岸边界作用下的涌浪传播方向

河道宽度 560m，水深选取三峡水库 145m 运行时对应的水深 51.8m，即深水情况。对岸岸坡坡度选取 20°。凸岸中心点临水处作为滑坡体入水点，河对岸为凹岸边界，凹岸圆弧半径 1120m，圆弧角为 90°。滑动面倾角选取 40°。滑坡体尺寸选取 70m×35m×14m。按照时间发展的顺序，实验结果按帧分别列出，如图 8-6 所示。

从图 8-6(a)中可以看出，1～4 帧的时间是滑坡涌浪从发生到传播到对岸的过程。与直线段滑坡涌浪情况类似，波峰线呈大半圆形状，随时间的增加，基本上呈同心圆形状向外传播扩散，波向线从圆心向外指向圆弧。圆心在滑坡体入水点到对岸的垂线上，比滑坡体入水点更靠向河中一点。滑坡体宽度范围内的涌浪传播速度快，且较周边快。而且，滑坡体宽度范围内的涌浪所携带的能量也较其他范围内的大。

从图 8-6(b)中可以看出，5～8 帧的时间是滑坡涌浪到达对岸后的反射过程。波峰线在对岸岸坡的边界上，凹岸边界对于波浪的能量整体上有消散作用，边界处的能量集中且较顺直河段小。从反射波的方向看，波峰线基本成平行的直线，随时间的增加向回推进，这是由入射波波峰线的圆弧直径略小于河道凹岸的圆弧直径造成的。

从图 8-6(c)中可以看出，9～10 帧的时间是滑坡涌浪入射波与反射波的叠加过程。在叠加过程中，凸岸顶点处(滑坡体入水点处)出现了再次的汇集，存在二次打击的风险。

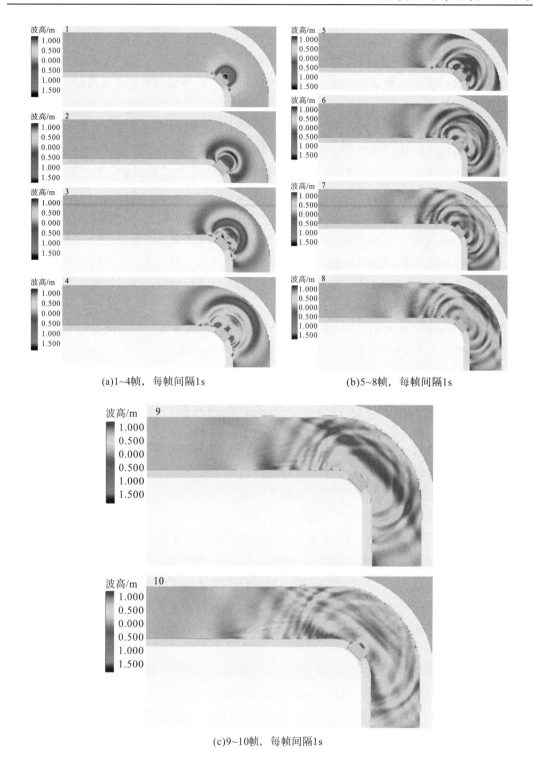

(a)1~4帧，每帧间隔1s   (b)5~8帧，每帧间隔1s

(c)9~10帧，每帧间隔1s

图8-6   凸岸涌浪传播过程图

8.3.4　凹岸中点入水凸岸边界作用下的涌浪传播方向

河道宽度 560m，水深选取三峡水库 145m 运行时对应的水深 51.8m，即深水情况。对岸岸坡坡度选取 20°。凹岸中心点临水处作为滑坡体入水点，河对岸为凸岸边界，凸岸圆弧半径 560m，圆弧角为 90°。滑坡面倾角选取 40°。滑坡体尺寸选取 70m×35m×14m。按照时间发展的顺序，实验结果按帧分别列出，如图 8-7 所示。

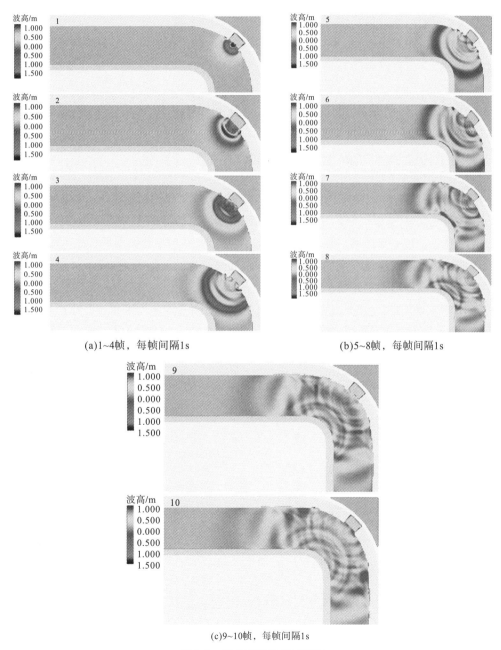

(a)1~4帧，每帧间隔1s　　　　　　(b)5~8帧，每帧间隔1s

(c)9~10帧，每帧间隔1s

图 8-7　凹岸涌浪传播过程图

从图 8-7(a)中可以看出，1~4 帧的时间是滑坡涌浪从发生到传播到对岸的过程。与直线段滑坡涌浪情况类似，波峰线呈大半圆形状，随时间的增加，基本上呈同心圆形状向外传播扩散，波向线从圆心向外指向圆弧。圆心在滑坡体入水点到对岸的垂线上，比滑坡体入水点更靠向河中一点。滑坡体宽度范围内的涌浪传播速度快，且较周边快。此外，滑坡体宽度范围内的涌浪所携带的能量较其他范围的大。

从图 8-7(b)中可以看出，5~8 帧的时间是滑坡涌浪到达对岸后的反射过程。波峰线在对岸岸坡的边界上，而凸岸边界处出现了能量集中现象。从反射波的方向看，波峰线仍然呈圆弧状反射回来，只是波峰圆弧的半径比凸岸圆弧的小。

从图 8-7(c)中可以看出，9~10 帧的时间是滑坡涌浪入射波与反射波的叠加过程。在叠加过程中，入射波波峰圆弧与反射波波峰圆弧反向叠加，在河道中形成叠加点。

8.4　复杂河道边界作用下的滑坡涌浪反射波波高

8.4.1　复杂河道边界对涌浪反射波波高作用的数模实验

河道蜿蜒曲折，岸坡陡缓相间，这对滑坡涌浪的反射作用影响较大。为了研究复杂河道边界对涌浪反射的作用规律，需要重点关注复杂河道边界的主导因素。在河道平面上，弯曲河道的曲率起主导作用；在河道断面上，岸坡的坡度起主导作用，再加上河道的水深、反映岸坡粗糙程度与渗透情况的糙渗系数以及涌浪自身的波陡等，构成了复杂河道边界对涌浪反射波波高作用的主要特征参数。

选取与物理模型一致的长江三峡库区万州河段为原型，按图 8-8 的尺寸建立数值模拟模型。图 8-8 中上半部图形为直道模型，即河道边界平面曲率为 0 的工况；下半部分图形

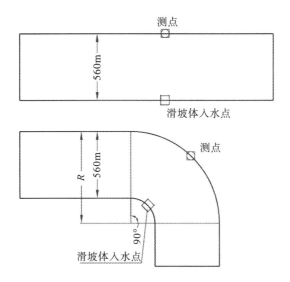

图 8-8　复杂河道边界对反射波波高作用实验模型图

为弯道模型，取河道边界平面曲率半径 R 分别为 1050m、1190m、1330m、1540m 四种工况。河道宽度为 560m，弯曲河道的平面转角为 90°。滑坡体入水点选取在河道临近水边处，其中弯曲河道的滑坡体入水点选取在凸岸的中心顶点位置。测点选取在滑坡体入水点的正对岸位置。由岸坡横断面坡度 θ 决定的放坡系数 $m=\cot\theta$ 取值 0～5，分别取 0、0.5、0.75、1、1.25、1.5、1.75、2、2.5、3、4 和 5 共 12 种工况。水深 d 选取三峡水库 145m 运行时对应的水深 51.8m，即深水情况。实验中按照波陡 H/L 在 0～0.10 范围内等间隔提取反射系数。糙渗系数 K_Δ 根据岸坡的粗糙程度和渗透性能实际选取，当岸坡面光滑不透水时，糙渗系数 K_Δ 取 1.00，其他情况均小于 1.00。各参数取值详见表 8-3。

表 8-3　复杂河道边界对反射波波高作用的数值模拟实验参数表

弯曲河道平面曲率 $k=1/R$	0			1/1050		1/1190			1/1330		1/1540	
岸坡放坡系数 $m=\cot\theta$	0	0.5	0.75	1	1.25	1.5	1.75	2	2.5	3	4	5
波陡 H/L	0	0.01	0.02	0.03	0.04	0.05	0.06	0.07	0.08	0.09	0.10	
水深 h	取深水情况											
糙渗系数 K_Δ	根据岸坡的粗糙程度和渗透性能实际选取											

　　按表 8-3 中的弯曲河道平面曲率 k、岸坡放坡系数 m 和波陡 H/L 各种工况进行组合，形成各种组合工况，进行数值模拟实验。以弯曲河道平面曲率半径 1050m 为例，取岸坡横断面坡度 90°，水深 145m，坡面光滑不透水，凸岸圆弧顶点作为滑坡体入水点，测点设置在正对的凹岸岸壁附近。实验得到的水位随时间的变化过程如图 8-9 所示，取最大波高作为反射波与入射波的叠加波高，取最大波高之前的波高作为入射波波高，进而可得到反射率。

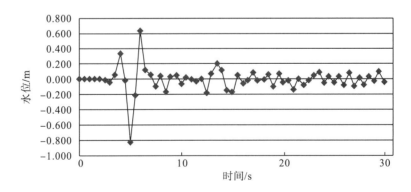

图 8-9　测点随时间的水位变化过程图

8.4.2　河道边界单因素对反射波波高的影响规律分析

1. 涌浪反射系数与弯曲河道平面曲率的关系

为了得到涌浪反射系数与弯曲河道平面曲率的关系，实验固定其他参数，选取不同的河道平面曲率进行实验。选取岸坡横断面坡度 90°，水深 145m，坡面光滑不透水，多组平面曲率实验结果如图 8-10 所示。将实验数据在 MATLAB 程序中进行拟合，拟合曲线如图 8-10 所示。拟合公式如下：

$$\frac{H_R}{H} = \mathrm{e}^{-1105K} \tag{8-1}$$

式中，H_R 为反射波波高(m)；H 为入射波波高(m)；K 为弯曲河道平面曲率。从以上拟合曲线图和拟合公式可以看出，滑坡涌浪波高反射系数与弯曲河道的平面曲率呈负指数关系，随着弯曲河道平面曲率的增大，涌浪反射系数呈单调递减的趋势。

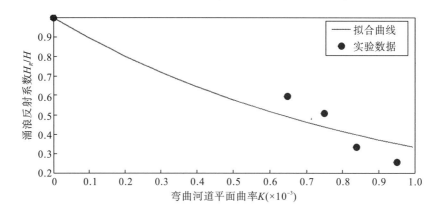

图 8-10   涌浪反射系数与弯曲河道平面曲率的关系图

同时在实验中还发现，随着弯曲河道平面曲率的增大，测点上下游的反射波对测点会逐渐产生影响，尤其是当平面曲率大于 1/1000 以后，影响较为显著。

2. 涌浪反射系数与岸坡坡度的关系

为了得到涌浪反射系数与岸坡坡度的关系，实验固定其他参数，选取不同的河道岸坡横断面坡度进行实验。选取河道平面曲率 1/960，水深 145m，波陡 0.050，坡面光滑不透水，多组岸坡坡度实验结果如图 8-11 所示。将实验数据在 MATLAB 程序中进行拟合，拟合曲线如图 8-11 所示。拟合公式如下：

$$\frac{H_R}{H} = \mathrm{e}^{0.0296m^2 - 0.6384m - 0.7439} \tag{8-2}$$

式中，H_R 为反射波波高(m)；H 为入射波波高(m)；m 为河道岸坡的放坡系数，$m=\cot\theta$。从以上拟合曲线图和拟合公式可以看出，涌浪反射系数与河道岸坡坡度呈负指数关系，其中指数呈一元二次函数关系，随着岸坡横截面坡度的减小，放坡系数 m 值逐渐增大，涌浪反射系数呈单调递减的趋势。

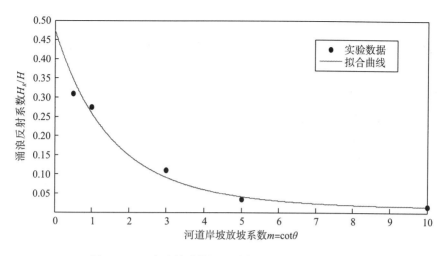

图 8-11　涌浪反射系数与河道岸坡放坡系数的关系图

3. 涌浪反射系数与波陡的关系

为了得到涌浪反射系数与波陡的关系，实验固定其他参数，提取多种情况的波陡。选取河道平面曲率 1/960，水深 145m，岸坡放坡系数 $m=2.5$，坡面光滑不透水，多组波陡实验结果如图 8-12 所示。将实验数据在 MATLAB 程序中进行拟合，拟合曲线如图 8-12 所示。拟合公式如下：

$$\frac{H_R}{H} = e^{-3.6603\left(\frac{H}{L}\right)^2 - 13.4755m - 1.2230} \tag{8-3}$$

式中，H_R 为反射波波高(m)；H 为入射波波高(m)；L 为波长(m)；m 为河道岸坡放坡系数，$m=\cot\theta$。从以上拟合曲线图和拟合公式可以看出，涌浪反射系数与波陡呈负指数关系，其中指数呈一元二次函数关系，随着波陡的增大，涌浪反射系数呈单调递减的趋势。

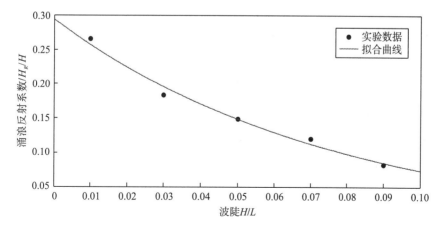

图 8-12　涌浪反射系数与波陡的关系图

8.4.3 基于径向基函数的复杂河道边界作用下的涌浪反射波波高

1. 径向基函数的应用

在科学实验研究中，实验结果往往受众多因素的影响，虽然通过去除次要因素、保留主要因素的方法可以大大减少影响因素的数量，但是保留下来的主要因素数量往往非常多。在处理实验结果与影响因素之间的关系时，用到的最基本的数学工具就是函数。在处理简单的问题时，使用基本函数就能解决问题。但在处理复杂的实验问题时，就需要根据有限的实验信息构造出近似表达式，以逼近真实的实验结果与影响因素之间的函数关系。径向基函数法就是处理这些问题的有力工具之一，它是用单变量函数描述多元函数的有效方法。径向基函数法的计算表达式不仅非常简单，而且径向基函数空间具有很强的逼近能力，几乎可以逼近所有的函数。

而复杂河道边界对滑坡涌浪反射波波高的影响因素众多，主导因素包括弯曲河道平面曲率、岸坡横断面坡度、涌浪自身的波陡、河道的水深以及岸坡的糙渗系数等。实验中上述的每个因素都有多种工况，各种工况之间再形成组合工况。考虑到组合工况数量众多，那么采用径向基函数法是较为合适的。

本次数值模拟实验，河道岸坡放坡系数 m 共12种工况，涌浪波陡 H/L 共11种工况，弯曲河道平面曲率 K 共5种工况，河道的水深 h 采用深水，岸坡的糙渗系数 K_Δ 根据实际情况确定。其中河道岸坡放坡系数12种工况和涌浪波陡11种工况组合成132种组合工况，数据量庞大，采用径向基函数求解，函数表达式如下：

$$\varphi(r) = (1-r)^4(4+16r+12r^2+3r^3) \tag{8-4}$$

$$r = \frac{d}{d_{max}} \tag{8-5}$$

$$d = \sqrt{[\delta(i)-\delta]^2 + [m(i)-m]^2} \tag{8-6}$$

式中，$\varphi(r)$ 为径向基函数；d 为所拟合的每个点与其他点的距离；d_{max} 为所拟合的每个点的影响范围；r 为距离与影响范围的比值；δ 为入射波波陡；H 为入射波波高(m)；L 为入射波波长(m)；m 为河道岸坡的放坡系数，$m=\cot\theta$。

2. 复杂河道边界作用下的反射波波高计算模型

按照河道岸坡放坡系数12种工况和涌浪波陡11种工况组合成132种工况，基于以上径向基函数，编制MATLAB程序如下。

```
Clear
δ=[0,0.010,0.020,0.030,0.040,0.050,0.060,0.070,0.080,0.090,0.100,0,0.010,0.020,0.030,0.040
,0.050,0.060,0.070,0.080,0.090,0.100,0,0.010,0.020,0.030,0.040,0.050,0.060,0.070,0.080,0.0
```

```
90,0.100,0,0.010,0.020,0.030,0.040,0.050,0.060,0.070,0.080,0.090,0.100,0,0.010,0.020,0.030
,0.040,0.050,0.060,0.070,0.080,0.090,0.100,0,0.010,0.020,0.030,0.040,0.050,0.060,0.070,0.0
80,0.090,0.100,0,0.010,0.020,0.030,0.040,0.050,0.060,0.070,0.080,0.090,0.100,0,0.010,0.020
,0.030,0.040,0.050,0.060,0.070,0.080,0.090,0.100,0,0.010,0.020,0.030,0.040,0.050,0.060,0.0
70,0.080,0.090,0.100,0,0.010,0.020,0.030,0.040,0.050,0.060,0.070,0.080,0.090,0.100,0,0.010
,0.020,0.030,0.040,0.050,0.060,0.070,0.080,0.090,0.100,0,0.010,0.020,0.030,0.040,0.050,0.0
60,0.070,0.080,0.090,0.100];
% % % δ表示波陡H/L
m=[0,0,0,0,0,0,0,0,0,0,0,0.5,0.5,0.5,0.5,0.5,0.5,0.5,0.5,0.5,0.5,0.5,0.75,0.75,0.75,0.75,0
.75,0.75,0.75,0.75,0.75,0.75,1,1,1,1,1,1,1,1,1,1,1,1.25,1.25,1.25,1.25,1.25,1.25,1.25
,1.25,1.25,1.25,1.25,1.50,1.50,1.50,1.50,1.50,1.50,1.50,1.50,1.50,1.50,1.50,1.75,1.75,1.75
,1.75,1.75,1.75,1.75,1.75,1.75,1.75,1.75,2.00,2.00,2.00,2.00,2.00,2.00,2.00,2.00,2.00,2.00
,2.00,2.50,2.50,2.50,2.50,2.50,2.50,2.50,2.50,2.50,2.50,2.50,3,3,3,3,3,3,3,3,3,3,3,4,4,4,4
,4,4,4,4,4,4,4,5,5,5,5,5,5,5,5,5,5,5];
% % % m表示cotθ
b=[1,1,1,1,1,1,1,1,1,1,1,1,1,1,0.99,0.98,0.97,0.96,0.95,0.93,0.92,0.90,1,1,0.98,0.97,0.95,
0.93,0.90,0.86,0.84,0.82,0.79,1,1,0.95,0.93,0.91,0.88,0.85,0.80,0.76,0.74,0.70,1,0.98,0.92
,0.88,0.84,0.80,0.76,0.72,0.68,0.64,0.60,1,0.98,0.89,0.82,0.78,0.75,0.70,0.65,0.61,0.56,0.
53,1,0.95,0.84,0.78,0.74,0.69,0.64,0.59,0.54,0.48,0.44,1,0.90,0.78,0.71,0.65,0.60,0.55,0.5
0,0.45,0.39,0.35,1,0.83,0.66,0.58,0.53,0.48,0.42,0.38,0.32,0.27,0.22,0.96,0.75,0.56,0.46,0
.40,0.35,0.31,0.27,0.23,0.18,0.15,0.93,0.56,0.48,0.38,0.22,0.18,0.15,0.13,0.12,0.10,0.09,0
.90,0.48,0.22,0.15,0.13,0.11,0.10,0.09,0.08,0.07,0.06];
i=1;
while i<133
d(i,:)=sqrt((δ(i)-δ).^2+(m(i)-m).^2);
dmax(i)=10*max(d(i,:));
i=i+1;
end
i=1;
while i<133
r=d(i,:)./dmax;
φ=(1-r).^4.*(4+16*r+12*r.^2+3*r.^3);
A(i,:)=φ;
i=i+1;
end
B=pinv(A,1e-6);
```

```
α=B*b';
[X,Y]=meshgrid(0.02:0.01:0.07,0:0.1:4);
P=0;
i=1;
while i<133
    rr=sqrt((X-δ(i)).^2+(Y-m(i)).^2)/dmax(i);
    ss=(1-rr).^4.*(4+16*rr+12*rr.^2+3*rr.^3);
    P=P+α(i)*ss;
    i=i+1;
end
mesh(X,Y,P);
xlabel('δ 波陡'),ylabel('m 坡度系数'),zlabel('P 反射系数');
clear
K=[0, 1/(1540),1/(1330),1/(1190),1/(1050)];
z=[log(1),log(0.594785353),log(0.505289694),log(0.332021099),log(0.253267333)];
y=[1, 0.594785353,0.505289694,0.332021099,0.253267333]
A=[x(1)
    x(2)
    x(3)
    x(4)
    x(5)];
p=A\z';
xx=0:0.0001:1/(400+a);
yy=exp(p*xx);
plot(x,y,'o',xx,yy,'r');
```

经上述 MATLAB 程序建立复杂河道边界作用下的深水条件下的反射波波高模型，相应的表达式如下：

$$H_R = K_\Delta e^{-1105K} \sum_{i=1}^{132} \alpha_i \varphi_i (\frac{H}{L}, \cot\theta)H \tag{8-7}$$

式中，H_R 为反射波波高(m)；K_Δ 为与岸坡坡面粗糙程度和渗透性能有关的糙渗系数；H 为入射波波高(m)；L 为入射波波长(m)；$\cot\theta$ 为河道岸坡放坡系数；K 为弯曲河道平面曲率；φ_i 为径向基函数；α_i 为一个列向量，由上述 MATLAB 程序计算求得。

上述模型可以导出不同条件下的三维模型，以弯曲河道平面曲率 $K=0$，糙渗系数 $K_\Delta=1$，深水条件为例，导出的三维模型如图 8-13 所示。

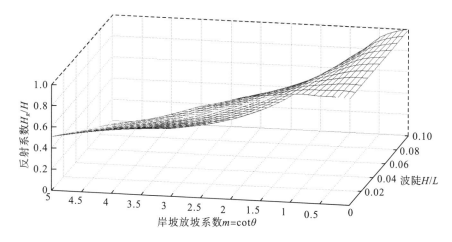

图 8-13　涌浪反射系数与波陡、岸坡放坡系数关系图

从式(8-7)和图 8-13 中可以看出：在深水情况下，滑坡涌浪反射系数与波陡、岸坡放坡系数呈负指数曲面关系，随着波陡、岸坡放坡系数的增大，涌浪反射系数逐渐减小，在入射波波高相同的情况下反射波波高逐渐减小，呈单调递减的关系。滑坡涌浪反射系数与弯曲河道平面曲率呈负指数曲线关系，随着平面曲率的增大，涌浪反射系数逐渐减小，在入射波波高相同的情况下反射波波高逐渐减小，呈单调递减的关系。滑坡涌浪反射系数与岸坡坡面的粗糙程度和渗透性能密切相关，坡面光滑不透水时，糙渗系数取 1.00，其他情况糙渗系数小于 1.00。

8.5　复杂河道边界对滑坡涌浪周期的影响规律

8.5.1　岸坡坡度对滑坡涌浪周期的影响规律

选取与物理模型一致的长江三峡库区万州某河段为原型，按图 8-14 中的尺寸建立数值模拟模型。河道宽度为 560m，弯曲河道的平面转角为 90°。滑坡体入水点选取直线段临水处。水深选取三峡水库 145m 运行时对应的水深 51.8m。滑动面倾角选取 40°。滑坡体尺寸选取 70m×35m×14m。河对岸的岸坡坡度选取 20° 和 40° 以进行对比。为了测试岸坡坡度对滑坡涌浪周期的影响规律，以滑坡体入水点向对岸作垂线，在垂线上靠近滑坡体入水点处设置 1 号测点，在垂线上靠近对岸坡脚处设置 2 号测点。1 号测点由于靠近滑坡体入水点，此处的涌浪周期主要受入射波控制，反射波起次要作用；2 号测点由于靠近河对岸岸坡坡脚处，此处的涌浪周期主要受反射波控制，入射波起次要作用。实验完成后，提取 1 号测点和 2 号测点随时间的水位变化值，利用傅里叶自相关离散型光谱频率函数，通过 MATLAB 编程，绘制 1 号测点和 2 号测点频谱，结果如图 8-15 和图 8-16 所示。

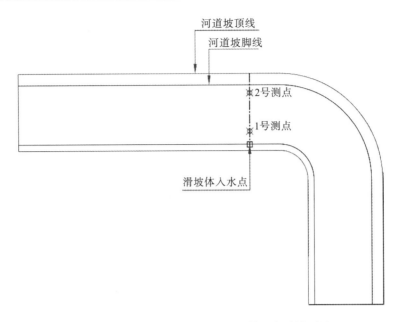

图 8-14 岸坡坡度对滑坡涌浪周期作用实验模型图

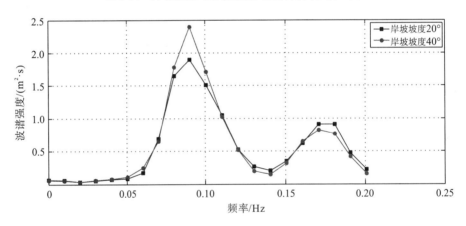

图 8-15 不同岸坡坡度作用下 1 号测点频谱图

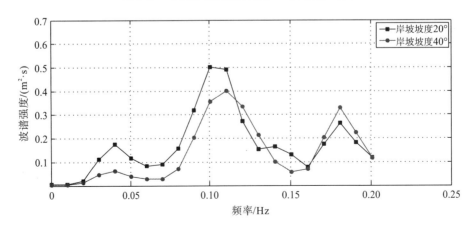

图 8-16 不同岸坡坡度作用下 2 号测点频谱图

从图 8-15 中可以看出，入射波起主导作用的 1 号测点，包括两个控制波周期，即主控制波周期 T_{11}（T_{11}=1/0.09=11.11s）和辅控制波周期 T_{12}（T_{12}=1/0.18=5.56s）。从图 8-16 中可以看出，反射波起主导作用的 2 号测点包括三个控制波周期，即 T_{21}（T_{21}=1/0.04=25s）、T_{22}（T_{22}=1/0.11=9.09s）和 T_{23}（T_{23}=1/0.18=5.56s），其中 T_{22} 周期的涌浪波谱强度最大。对比图 6-15 和图 6-16 可以看出，2 号测点的 T_{23} 周期和 1 号测点的 T_{12} 周期相同，前者的涌浪波谱强度比后者低。这说明 2 号测点 T_{23} 周期的涌浪是由 1 号测点 T_{12} 周期的涌浪传播衰减而来，而 2 号测点 T_{21} 周期和 T_{22} 周期的涌浪是由 1 号测点 T_{11} 周期的涌浪演变而来。1 号测点 T_{11} 周期的涌浪到达对岸岸坡后分成两部分：一部分爬高后反射回来，经爬高反射后造成这部分的周期延长，就成为 2 号测点周期为 T_{21} 的波浪；另一部分破碎后反射回来，经破碎反射后造成这部分的周期缩短，就成为 2 号测点周期为 T_{22} 的波浪。对比 20° 和 40° 两种不同的岸坡坡度，前者的破碎后反射波浪较后者的大，表明岸坡坡度越小，涌浪破碎数量越多。

8.5.2　弯曲河道凹岸对滑坡涌浪周期的影响规律

1. 凹岸平面曲率对滑坡涌浪周期的影响规律

选取与物理模型一致的长江三峡库区万州某河段为原型，按图 8-17 中的尺寸建立数值模拟模型。河道宽度为 560m，弯曲河道的平面转角为 90°。为了减小岸坡坡度因素影响的干扰，选取对岸岸坡坡度为 90°。滑坡体入水点选取弯道凸岸中间点临水处。水深选取三峡水库 145m 运行时对应的水深 51.8m。滑动面倾角选取 40°。滑坡体尺寸选取 70m×35m×14m。凹岸平面曲率半径 R 选取 1330m 和 1540m，即平面曲率取 1/1330 和 1/1540 进行对比实验。

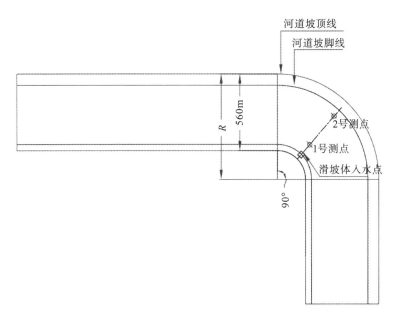

图 8-17　凹岸平面曲率对滑坡涌浪周期作用实验模型图

为了测试凹岸平面曲率对滑坡涌浪周期的影响规律，以滑坡体入水点向对岸作垂线，在垂线上靠近滑坡体入水点处设置 1 号测点，在垂线上靠近对岸坡脚处设置 2 号测点。1 号测点由于靠近滑坡体入水点，此处的涌浪周期主要受入射波控制，反射波起次要作用。2 号测点由于靠近河对岸岸坡坡脚处，此处的涌浪周期主要受反射波控制，入射波起次要作用。实验完成后，提取 1 号测点和 2 号测点随时间的水位变化值，利用傅里叶自相关离散型光谱频率函数，通过 MATLAB 编程，绘制 1 号测点和 2 号测点频谱，如图 8-18 和图 8-19 所示。

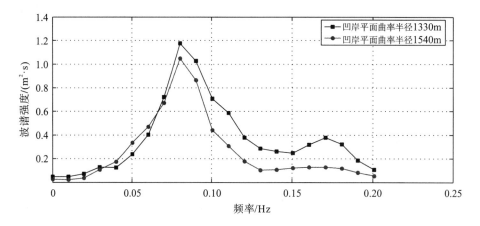

图 8-18　不同凹岸平面曲率作用下 1 号测点频谱图

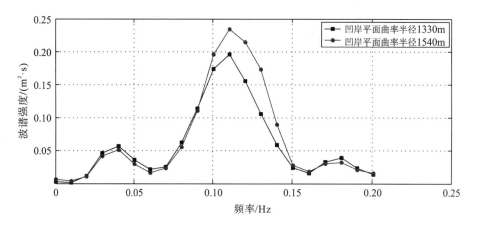

图 8-19　不同凹岸平面曲率作用下 2 号测点频谱图

从图 8-18 中可以看出，入射波起主导作用的 1 号测点，包括两个控制波周期，即主控制波周期 T_{11}（$T_{11}=1/0.08=12.5s$）和辅控制波周期 T_{12}（$T_{12}=1/0.18=5.56s$）。从图 8-19 中可以看出，反射波起主导作用的 2 号测点，包括三个控制波周期，即 T_{21}（$T_{21}=1/0.04=25s$）、T_{22}（$T_{22}=1/0.11=9.09s$）和 T_{23}（$T_{23}=1/0.18=5.56s$），其中 T_{22} 周期的涌浪波谱强度最大。对比图 8-18 和图 8-19 可以看出，2 号测点的 T_{23} 周期和 1 号测点的 T_{12} 周期相同，前者的涌浪波谱强度比后者低，说明 2 号测点 T_{23} 周期的涌浪是由 1 号测点 T_{12} 周期的涌浪传播衰减而来。而 2 号测点 T_{21} 周期和 T_{22} 周期的涌浪是由 1 号测点 T_{11} 周期的涌浪演变而来。1 号测点 T_{11} 周期的涌浪到达对岸岸坡后分成两部分：一部分爬高后反射回来，经爬高反射后造成这部分的周期延长，就成为了 2 号测点周期为 T_{21} 的波浪；而另一部分破碎后反射回来，经破碎反射后造成这部分的周期缩短，就成为了 2 号测点周期为 T_{22} 的波浪。对比平面曲率 1/1330 和 1/1540 的凹岸河道边界，两者的最大主控制波周期均是由 $T_{11}(T_{11}=1/0.08=12.5\mathrm{s})$ 变化到 $T_{22}(T_{22}=1/0.11=9.09\mathrm{s})$，表明不同平面曲率的凹岸河道边界对涌浪周期的影响是相同的，均是整体性略微缩短。

2. 凹岸圆弧角度对滑坡涌浪周期的影响规律

选取与物理模型一致的长江三峡库区万州某河段为原型，按图 8-20 中的尺寸建立数值模拟模型。河道宽度为 560m，弯曲河道的凹岸平面曲率半径为 1120m。对岸岸坡坡度选取 20°。滑坡体入水点选取弯道凸岸中间点临水处。水深选取三峡水库 145m 运行时对应的水深 51.8m。滑坡面倾角选取 40°。滑坡体尺寸选取 70m×35m×14m。凹岸圆弧角度 α 选取 30°和 90°进行对比实验。

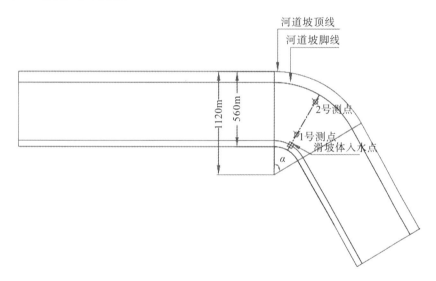

图 8-20　凹岸圆弧角度对滑坡涌浪周期作用实验模型图

为了测试凹岸圆弧角度对滑坡涌浪周期的影响规律，以滑坡体入水点向对岸作垂线，在垂线上靠近滑坡体入水点处设置 1 号测点，在垂线上靠近对岸坡脚处设置 2 号测点。1 号测点由于靠近滑坡体入水点，此处的涌浪周期主要受入射波控制，反射波起次要作用。2 号测点由于靠近河对岸岸坡坡脚处，此处的涌浪周期主要受反射波控制，入射波起次要作用。实验完成后，提取 1 号测点和 2 号测点随时间的水位变化值，利用傅里叶自相关离散型光谱频率函数，通过 MATLAB 编程，绘制 1 号测点和 2 号测点频谱，如图 8-21 和图 8-22 所示。

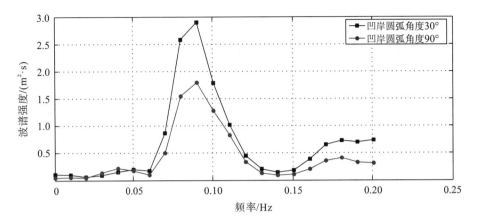

图 8-21　不同凹岸圆弧角度作用下 1 号测点频谱图

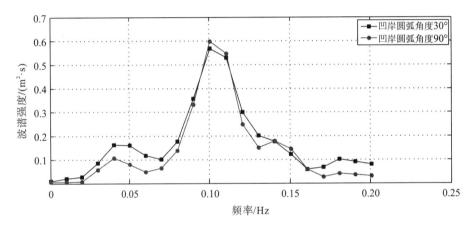

图 8-22　不同凹岸圆弧角度作用下 2 号测点频谱图

从图 8-21 中可以看出，入射波起主导作用的 1 号测点，包括两个控制波周期，即主控制波周期 T_{11}(T_{11}=1/0.09=11.1s) 和辅控制波周期 T_{12}(T_{12}=1/0.18=5.56s)。从图 8-22 中可以看出，反射波起主导作用的 2 号测点，包括三个控制波周期，即 T_{21}(T_{21}=1/0.04=25s)、T_{22}(T_{22}=1/0.1=10s) 和 T_{23}(T_{23}=1/0.18=5.56s)，其中 T_{22} 周期的涌浪波谱强度最大。对比图 8-21 和图 8-22 可以看出，2 号测点 T_{23} 周期和 1 号测点的 T_{12} 周期相同，前者的涌浪波谱强度比后者低，说明 2 号测点的 T_{23} 周期的涌浪是由 1 号测点 T_{12} 周期的涌浪传播衰减而来，而 2 号测点 T_{21} 周期和 T_{22} 周期的涌浪是由 1 号测点 T_{11} 周期的涌浪演变而来。1 号测点 T_{11} 周期的涌浪到达对岸岸坡后分成两部分：一部分爬高后反射回来，经爬高反射后造成这部分的周期延长，成为 2 号测点周期为 T_{21} 的波浪；另一部分破碎后反射回来，经破碎反射后造成这部分的周期缩短，成为 2 号测点周期为 T_{22} 的波浪。对比圆弧角度为 30° 和 90° 的凹岸河道边界，两者最大的主控制波周期均是由 T_{11}(T_{11}=1/0.09=11.1s) 变化到 T_{22}(T_{22}=1/0.1=10s)，表明不同圆弧角度的凹岸河道边界对涌浪周期的影响是相同的，均是整体性略微缩短。

8.5.3 弯曲河道凸岸对滑坡涌浪周期的影响规律

选取与物理模型一致的长江三峡库区万州某河段为原型，按图 8-23 中的尺寸建立数值模拟模型。河道宽度为 560m，弯曲河道凸岸平面曲率半径为 1120m。滑坡体入水点选取凹岸中间坡脚临水处。水深选取三峡水库 145m 运行时对应的水深 51.8m。滑动面倾角选取 40°。滑坡体尺寸选取 70m×35m×14m。凸岸圆弧角度 α 选取 60°和 90°进行对比实验。

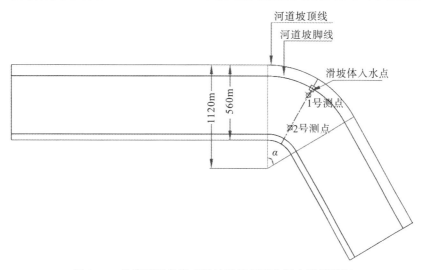

图 8-23 凸岸圆弧角度对滑坡涌浪周期作用实验模型图

为了测试凸岸对滑坡涌浪周期的影响规律，以滑坡体入水点向对岸作垂线，在垂线上靠近滑坡体入水点处设置 1 号测点，在垂线上靠近对岸坡脚处设置 2 号测点。1 号测点由于靠近滑坡体入水点，此处的涌浪周期主要受入射波控制，反射波起次要作用。2 号测点由于靠近河对岸岸坡坡脚处，此处的涌浪周期主要受反射波控制，入射波起次要作用。实验完成后，提取 1 号测点和 2 号测点随时间的水位变化值，利用傅里叶自相关离散型光谱频率函数，通过 MATLAB 编程，绘制 1 号测点和 2 号测点频谱，如图 8-24 和图 8-25 所示。

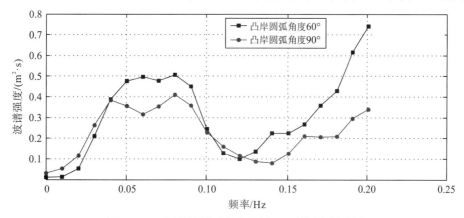

图 8-24 不同凸岸圆弧角度作用下 1 号测点频谱图

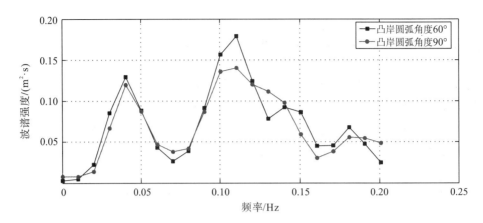

图 8-25 不同凸岸圆弧角度作用下 2 号测点频谱图

从图 8-24 中可以看出，入射波起主导作用的 1 号测点，包括两个控制波周期，即第一控制波周期 T_{11} (T_{11}=1/0.08=12.5s) 和第二控制波周期 T_{12} (T_{12}=1/0.2=5.0s)。从图 8-25 中可以看出，反射波起主导作用的 2 号测点，包括三个控制波周期，即 T_{21} (T_{21}=1/0.04=25s)、T_{22} (T_{22}=1/0.11=9.09s) 和 T_{23} (T_{23}=1/0.18=5.56s)。对比图 8-24 和图 8-25 可以看出，涌浪到达对岸岸坡后，由于凸岸边界的特殊性，其受到的影响异常激烈，总的来说分成两部分：一部分爬高后反射回来，经爬高反射后造成这部分的周期延长；另一部分破碎后反射回来，经破碎反射后造成这部分的周期缩短。

参 考 文 献

[1] Heller V. Landslide generated impulse waves: prediction of near field characteristics[D]. Zurich: Swiss Federal Institute of Technology Zurich, 2007.

[2] Fritz H M. Initial phase of landslide generated impulse waves[D]. Zurich: Swiss Federal Institute of Technology Zurich, 2002.

[3] Gardoni M, Lorenza P. Landslide generated impulse waves in dam reservoirs: Experimental investigation on a physical hydraulic model[D]. Trondheim: Norwegian University of Science and Technology, 2017.

[4] Couston L A, Mei C C, Alam M R. Landslide tsunamis in lakes[J]. Journal of Fluid Mechanics, 2015, 772: 784-804.

[5] 刘书伦. 长江鸡扒子特大型滑坡整治技术[M]. 北京: 人民交通出版社, 2017.

[6] 高文文. 基于 SPH 方法的水库滑坡涌浪数值模拟[D]. 北京: 中国农业大学, 2016.

[7] Huang B, Yin Y P, Liu G N, et al. Analysis of waves generated by Gongjiafang landslide in Wu Gorge, Three Gorges Reservoir, on November 23, 2008[J]. Landslides, 2012, 9(3): 395-405.

[8] 蒋权, 陈希良, 肖江剑, 等. 云南黄坪库区滑坡运动及其失稳模式的离散元模拟[J]. 中国地质灾害与防治学报, 2018, 29(3): 53-59.

[9] Huang B L, Yin Y P, Du C L. Risk management study on impulse waves generated by Hongyanzi landslide in Three Gorges Reservoir of China on June 24, 2015[J]. Landslides, 2016, 13(3): 603-616.

[10] 王平义, 韩林峰, 喻涛, 等. 滑坡涌浪对高桩码头船舶撞击力的影响[J]. 哈尔滨工程大学学报, 2016, 37(6): 878-884.

[11] 汪洋, 殷坤龙. 水库库岸滑坡涌浪的传播与爬高研究[J]. 岩土力学, 2008, 29(4): 1031-1034.

[12] Shreve R L. Sherman landslide, Alaska[J]. Science, 1966, 154(3757): 1639-1643.

[13] McFall B C. Physical modeling of landslide generated tsunamis in various scenarios from fjords to conical islands[D]. Atlanta: Georgia Institute of Technology, 2014.

[14] Le Méhauté B. An introduction to hydrodynamics and water waves[M]. New York: Springer, 1976.

[15] Dean R G. Relative validities of water wave theories[J]. Journal of the Waterways and Harbors Division, 1970, 96(1): 105-119.

[16] Sorensen R M. Basic wave mechanics: For coastal and ocean engineers[M]. New York: Wiley, 1993.

[17] Green G. On the motion of waves in a variable canal of small depth and width[J]. Transactions of the Cambridge Philosophical Society, 1837, 6: 457-462.

[18] Dean R G, Dalrymple R A. Advanced series on ocean engineering 2: Water wave mechanics for engineers and scientists[M]. Singapore: World Scientific, 2004.

[19] Noda E. Water waves generated by landslides[J]. Journal of Waterways, Harbors and Coastal Engineering, 1970, 96(4): 835-853.

[20] Huber A. Schwallwellen in seen als folge von felesstürzen[D]. Zurich: Swiss Federal Institute of Technology Zurich, 1980.

[21] Zweifel A, Hager W H, Minor H E. Plane impulse waves in reservoirs[J]. Journal of Waterway Port Coastal and Ocean Engineering, 2006, 132(5): 358-368.

[22] Stokes G G. On the theory of oscillatory waves[J]. Transactions of the Cambridge Philosophical Society, 1847, 8: 441-455.

[23] Keulegan G H. Engineering hydraulics: Wave motion[M]. New York: Wiley, 1950.

[24] Korteweg D J, DeVries G. On the change of form of long waves advancing in a rectangular canal, and on a new type of long stationary waves[J]. Philosophical Magazine, 1895, 5(39): 422-443.

[25] Russell J S. Report of the committee on waves[R]. London: Report of the 7th Meeting of the British Association for the Advancement of Science, 1838.

[26] Madsen P A, Svendsen I A. Turbulent bores and hydraulic junps[J]. Journal of Fluid Mechanics, 1983, 129: 1-25.

[27] Bukreev V I, Gusev A V. Gravity waves generated by a body falling onto shallow water[J]. Journal of Applied Mechanics and Technical Physics, 1996, 37(2): 224-231.

[28] Panizzo A, Bellotti G, De Girolamo P. Application of wavelet transform analysis to landslide generated waves[J]. Coastal Engineering, 2002, 44(4): 321-338.

[29] Monaghan J J, Kos A. Scott Russell's wave generator[J]. Physics of Fluids, 2000, 12(3): 622-630.

[30] Panizzo A. Physical and numerical modelling of subaerial landslide generated waves[D]. L' Aquila: University of L' Aquila, 2004.

[31] Wiegel R L. Laboratory studies of gravity waves generated by the movement of a submerged body[J]. Transactions of the American Geophysical Union, 1955, 36(5): 759-774.

[32] Kamphuis J W, Bowering R J. Impulse waves generated by landsldes[C]. Proceedings of the 12th Coastal Engineering Conference, Washington, D. C., 1971.

[33] Wiegel R L, Noda E K, Kuba E M, et al. Water waves generated by landslides in reservoirs[J]. Journal of the Waterways, Harbors and Coastal Engineering Division, 1970, 96(2): 307-333.

[34] Kranzer H C, Keller J B. Water waves prouduced by explosions[J]. Journal of applied physics, 1959, 30(3): 398-407.

[35] Walder J S, Watts P, Sorensen O E, et al. Tsunamis generated by subaerial mass flows[J]. Journal of Geophysical Research: Solid Earth, 2003, 108(B5). https://doi.org/10.1029/2001JB000707.

[36] 潘家铮. 建筑物的抗滑稳定和滑坡分析[M]. 北京: 水利出版社, 1980.

[37] 袁银忠, 陈青生. 滑坡涌浪的数值计算及试验研究[J]. 河海大学学报, 1990, 18(5): 46-53.

[38] 庞昌俊. 二维斜滑坡涌浪的试验研究[J]. 水利学报, 1985, (11): 54-59.

[39] Tang G Q, Lu L, Teng Y F, et al. Impulse waves generated by subaerial landslides of combined block mass and granular material[J]. Coastal Engineering, 2018, 141: 68-85.

[40] Ataie-Ashtiani B, Nik-Khah A. Impulsive waves caused by subaerial landslides[J]. Environmental Fluid Mechanics, 2008, 8(3): 263-280.

[41] Huang B L, Wang S C, Zhao Y B. Impulse waves in reservoirs generated by landslides into shallow water[J]. Coastal Engineering, 2017, 123: 52-61.

[42] 岳书波, 刁明君, 王磊. 滑坡涌浪的初始形态及其衰减规律的研究[J]. 水利学报, 2016, 47(6): 816-825.

[43] Johnson J W, Bermel K J. Impulsive waves in shallow water as generated by falling weights[J]. Transactions American Geophysical Union, 1949, 30(2): 223-230.

[44] Slingerland R L, Voight B. Occurrences, properties and predictive models of landslide-generated impulse waves[J]. Rockslides and avalanches, 1979(2): 317-397.

[45] Panizzo A, De Girolamo P, Petaccia A. Forecasting impulse waves generated by subaerial landsldies[J]. Journal of Geophysical Research: Oceans, 2005, 110(C12). https://doi.org/10.1029/2004JC002778.

[46] Watts P. Wavemaker curves for tsunamis generated by underwater landslides[J]. Journal of Waterway Port Coastal & Ocean

Engineering, 1998, 124(3): 127-137.

[47] Panizzo A, De Girolamo P, Di Risio M, et al. Great landslide events in Italian artificial reservoirs[J]. Natural Hazards and Earth System Sciences, 2005, 5(5): 733-740.

[48] Di Risio M, Bellotti G, Panizzo A, et al. Three-dimensional experiments on landslide generated waves at a sloping coast[J]. Coastal Engineering, 2009, 56(5): 659-671.

[49] Di Risio M, De Girolamo P, Bellotti G, et al. Landslide-generated tsunamis runup at the coast of a conical island: New physical model experiments[J]. Journal of Geophysical Research: Oceans, 2009, 114(C1). https://doi.org/10.1029/2008JC004858.

[50] Heller V, Bruggemann M, Spinneken J, et al. Composite modelling of subaerial landslide-tsunamis in different water body geometries and novel insight into slide and wave kinematics[J]. Coastal Engineering, 2016, 109(3): 20-41.

[51] Wang W, Chen G Q, Yin K L, et al. Modeling of landslide generated impulsive waves considering complex topography in reservoir area[J]. Environmental Earth Sciences, 2016, 75(5): 372.

[52] 肖莉丽, 殷坤龙, 王佳佳, 等. 基于物理模拟试验的库岸滑坡冲击涌浪[J]. 中南大学学报(自然科学版), 2014, 45(5): 1618-1626.

[53] 刘艺梁. 三峡库区库岸滑坡涌浪灾害研究[D]. 武汉: 中国地质大学, 2013.

[54] Huber A. Schwallwellen in seen als folge von bergstürzen[D]. Zurich: Swiss Federal Institute of Technology Zurich, 1980.

[55] Fritz H M, Hager W H, Minor H E. Landslide generated impulse waves[J]. Experiments in Fluids, 2003, 35(6): 505-532.

[56] Heller V, Hager W H, Minor H E. Landslide generated impulse waves in reservoirs[R]. Zurich: Swiss Federal Institute of Technology Zurich, 2009.

[57] Miller G S, Take W A, Mulligan R P, et al. Tsunamis generated by long and thin granular landslides in a large flume[J]. Journal of Geophysical Research: Oceans, 2017, 122(1): 653-668.

[58] Lindstrøm E K. Wave generated by subaerial slide with various porosities[J]. Coastal Engineering, 2016, 116: 170-179.

[59] Mohammed F. Physical modeling of tsunamis generated by three-dimensional deformable granular landslides[D]. Atlanta: Georgia Institute of Technology, 2010.

[60] Mohammed F, Fritz H M. Physical modeling of tsunamis generated by three-dimensional deformable granular landslides[J]. Journal of Geophysical Research: Oceans, 2012, 117: (C11). https://doi.org/10.1029/2011JC007850.

[61] McFall B C, Fritz H M. Physical modelling of tsunamis generated by three-dimensional deformable granular landslides on planar and conical island slopes[J]. Proceedings of the Royal Society A: Mathematical, 2016, 472(2188): 20160052. https://doi.org/10.1098/rspa.2016.0052.

[62] Huang B L, Yin Y P, Wang S C, et al. A physical similarity model of an impulsive wave generated by Gongjiafang landslide in Three Gorges Reservoir, China[J]. Landslides, 2014(11): 513-525.

[63] 黄波林. 水库滑坡涌浪灾害水波动力学分析方法研究[D]. 武汉: 中国地质大学, 2014.

[64] 陈里. 山区河道型水库岩体滑坡涌浪特性及对航道的影响试验研究[D]. 重庆: 重庆交通大学, 2014.

[65] 韩林峰, 王平义. 基于动量平衡的三维滑坡涌浪最大近场波幅预测[J]. 岩石力学与工程学报, 2018, 37(11): 165-173.

[66] 韩林峰, 王平义, 王梅力, 等. 碎裂岩体滑坡运动特征及近场涌浪变化规律[J]. 浙江大学学报(工学版), 2019, 53(12): 2325-2334.

[67] 胡杰龙, 王平义, 任晶轩, 等. 三峡库区滑坡涌浪作用下船舶锚链拉力试验研究[J]. 水利水运工程学报, 2017, 166(6): 16-23.

[68] 曹婷, 王平义, 何鹏超, 等. 滑坡涌浪下斜坡波压力经验估算方法的对比[J]. 南水北调与水利科技, 2019, 17(1): 170-176.

[69] Voight B, Janda R, Douglass P. Nature and mechanics of the Mount St Helens rockslide-avalanche of 18 May 1980[J]. Geotechnique, 1983, 33(3): 243-273.

[70] Miller R L. Prediction curves for waves near the source of an impulse[C]. Proceedings of the 12th Coastal Engineering Conference, Washington, D. C., 1970.

[71] Hammack J L. A note on tsunamis: Their generation and propagation in an ocean of uniform depth[J]. Journal of Fluid Mechanics, 1973, 60(4): 769-799.

[72] Dean R G, Dalrymple R A. Advanced series on ocean engineering volume 2: Water wave mechanics for engineers and scientists[M]. Singapore: World Scientific, 1991.

[73] Synolakis C E. Generation of long waves in laboratory[J]. Journal of Waterway, Port, Coastal, and Ocean Engineering, 1991, 116(2): 252-266.

[74] Hughes S. Advanced series on ocean engineering volume 7: Physical models and laboratory techniques in coastal engineering[M]. Singapore: World Scientific, 1993.

[75] Sander D. Weakly nonlinear unidirectional shallow water waves generated by a moving boundary[R]. Zurich: Swiss Federal Institute of Technology Zurich, 1990.

[76] 王育林,陈凤云,齐华林. 危岩体崩滑对航道影响及滑坡涌浪特征研究[J]. 中国地质灾害与防治学报,1994,5(3):95-100.

[77] 胡小卫. 山区河道型水库滑坡涌浪特性研究[D]. 重庆：重庆交通大学, 2010.

[78] 林孝松,罗军华,王平义,等. 河道水库滑坡涌浪安全评估系统设计与实现[J]. 重庆交通大学学报(自然科学版),2019, 38(1): 59-65.

[79] 谢海清,蒋昌波,邓斌,等. 狭窄型库区河道滑坡涌浪的形成及其传播规律[J]. 交通科学与工程,2017,33(4):22-30.

[80] 黄兴喜. 水电站库岸边坡古滑坡体复活区稳定分析及涌浪预测[J]. 水电与新能源, 2018, 32(7): 25-29.

[81] 黄筱云,刘灿,程永舟,等. V型河道下滑坡涌浪的传播与爬高[J]. 长沙理工大学学报(自然科学版), 2017(1): 34-38.

[82] 华艳茹. 波浪正向入射对直立式防波堤的作用力[D]. 重庆：重庆交通大学, 2008.

[83] 邵利民,俞聿修. 斜向不规则波入、反射波分离的实验研究[J]. 海洋学报, 2002(3): 119-127.

[84] Savage S B. The mechanics of rapid granular flows[J]. Advances in Applied Mechanics, 1984, 24(87): 289-366.

[85] Körner H J. Reichweite und Geschwindigkeit von Bergstürzen und Fliessschneelawinen[J]. Rock Mechanics, 1976, 8(4): 225-256.

[86] Heller V, Bruggemann M, Spinneken J, et al. Composite modelling of subaerial landslide-tsunamis in different water body geometries and novel insight into slide and wave kinematics[J]. Coastal Engineering, 2016, 109(3): 20-41.

[87] Bornhold B D, Thomson R E. Tsunami hazard assessment related to slope failures in coastal waters[M]//Clague J J, Stead D, Landslides: Types, mechanisms and modeling. Cambridge: Cambridge University Press, 2012.

[88] Zitti G, Ancey C, Postacchini M, et al. Impulse waves generated by snow avalanches: Momentum and energy transfer to a water body[J]. Journal of Geophysical Research: Earth Surface, 2016, 121(12): 2399-2423.

[89] Mulligan R P, Take W A. On the transfer of momentum from a granular landslide to a water wave[J]. Coastal Engineering, 2017, 125: 16-22.

[90] Xiao L, Ward S N, Wang J. Tsunami squares approach to landslide-generated waves: Application to Gongjiafang landslide, Three Gorges Reservoir, China[J]. Pure & Applied Geophysics, 2015, 172(12): 3639-3654.

[91] Heller V, Hager W H. Impulse product parameter in landslide generated impulse waves[J]. Journal of Waterway Port Coastal and Ocean Engineering, 2010, 136(3): 145-155.

[92] Tadepalli S, Synolakis C E. The run-up of N-waves on sloping beaches[J]. Proceedings of the Royal Society A, 1994, 445(1923): 99-112.

[93] Heller V. Scale effects in physical hydraulic engineering models[J]. Journal of Hydraulic Research, 2011, 49(3): 293-306.

[94] Hall J V, Watts G M. Laboratory investigation of the vertical rise of solitary waves on impermeable slopes[R]. Washington, D. C.: United States Army Corps of Engineers, 1953.

[95] Synolakis C E. The runup of solitary waves[J]. Journal of Fluid Mechanics, 1987, 185: 523-545.

[96] McFall B C, Fritz H M. Runup of granular landslide generated tsunamis on planar coasts and conical islands[J]. Journal of Geophysical Research: Oceans, 2017, 122(8): 6901-6922.

[97] Viroulet S, Cébron D, Kimmoun O, et al. Shallow water waves generated by subaerial solid landslides[J]. Geophysical Journal International, 2013, 193(2): 747-762.

[98] Grilli S T, Svendsen I A, Subramanya R. Breaking criterion and characteristics for solitary waves on slopes[J]. Journal of Waterway Port Coastal and Ocean Engineering, 1997, 123(3): 102-112.

[99] Fritz H M, Hager W H, Minor H E. Near field characteristics of landslide generated impulse waves[J]. Journal of Waterway Port Coastal and Ocean Engineering, 2004, 130(6): 287-302.

[100] Miles J W. Damping of weakly nonlinear shallow-water waves[J]. Journal of Fluid Mechanics, 1976, 76(2): 251-257.

[101] Sorensen R M. Basic wave mechanics: For coastal and ocean engineers[M]. New York: Wiley, 1993.

附　图

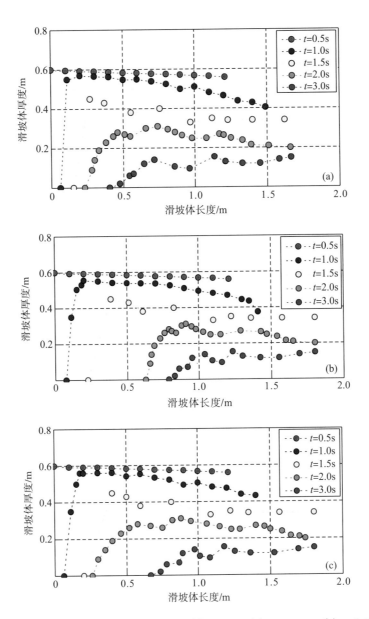

图 4-6　滑坡体厚度随时间变化之一：(a) x_b=0m；(b) x_b=0.75m；(c) x_b=0.9m

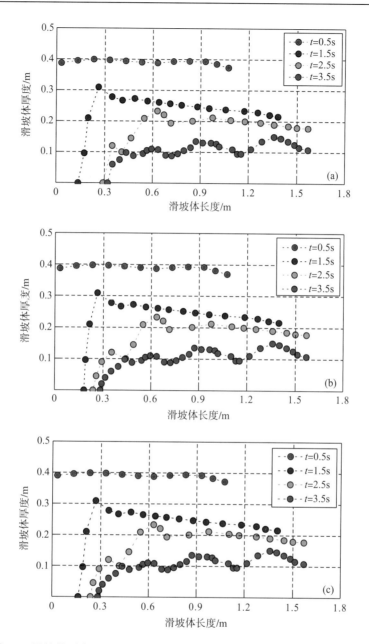

图 4-7　滑坡体厚度随时间变化之二：(a) x_b=0m；(b) x_b=0.25m；(c) x_b=0.4m

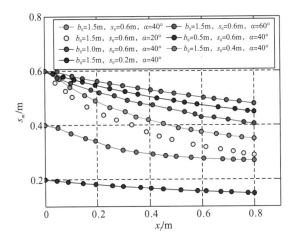

图 4-8　滑坡体最大厚度随滑动距离的变化

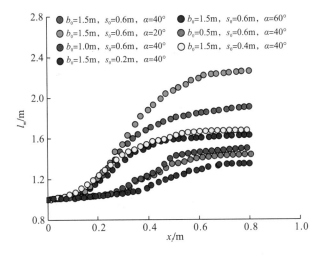

图 4-11　滑坡体最大长度随滑动距离的变化

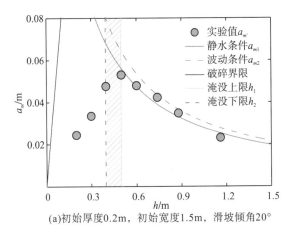

(a)初始厚度0.2m，初始宽度1.5m，滑坡倾角20°

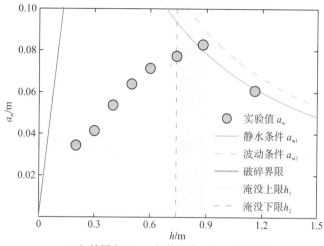

(b)初始厚度0.6m，初始宽度1.5m，滑坡倾角40°

图 4-14   近场最大波幅理论计算方程与作者实验结果比较

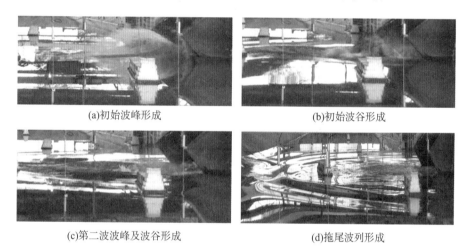

(a)初始波峰形成   (b)初始波谷形成

(c)第二波波峰及波谷形成   (d)拖尾波列形成

图 5-2   三维岩质滑坡涌浪产生过程

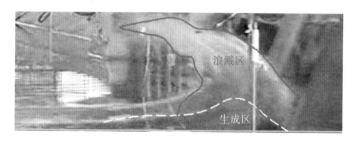

图 5-3   近场涌浪生成区与浪溅区划分

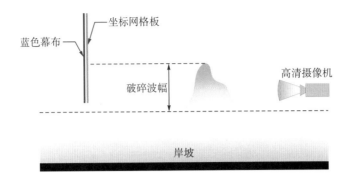

图 5-22　修正公式预测值与实验测量值对比

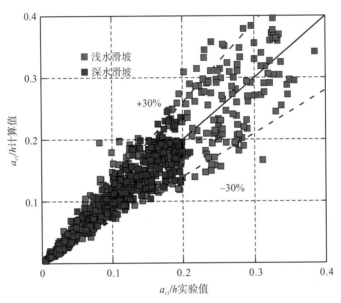

图 6-10　初始波峰振幅实验值与预测值比较

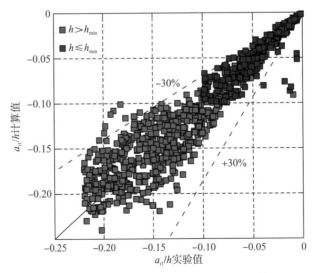

图 6-14　初始波谷振幅实验值与预测值比较

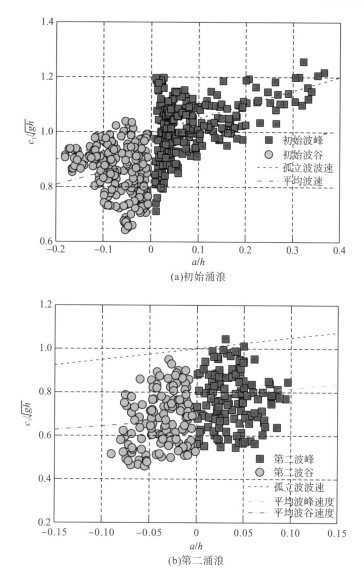

(a)初始涌浪

(b)第二涌浪

图 6-15 初始涌浪和第二涌浪近场波速(无量纲相位波速)与相对波幅的关系